全球变化热门话题丛书

主　编　秦大河
副主编　丁一汇　毛耀顺

中国自然灾害与全球变化

Zhongguo Ziran Zaihai yu Quanqiu Bianhua

高庆华　苏桂武　张业成　刘惠敏　著

气象出版社

图书在版编目(CIP)数据

中国自然灾害与全球变化/高庆华等著. —北京:气象出版社,2003.3(2012.8重印)

(全球变化热门话题/秦大河主编)

ISBN 978-7-5029-3543-6

Ⅰ.中… Ⅱ.高… Ⅲ.自然灾害－关系－全球环境 Ⅳ.X43

中国版本图书馆 CIP 数据核字(2003)第 014484 号

气象出版社出版

(北京市海淀区中关村南大街 46 号 邮编:100081)

总编室:010－68407112　发行部:010－68409198

网址:http://www.cmp.cma.gov.cn　E-mail:qxcbs@cma.gov.cn

责任编辑:陈爱丽　成秀虎　终审:纪乃晋

封面设计:新视窗工作室　责任技编:陈 红　责任校对:赵 敏

*

北京京科印刷有限公司印刷

气象出版社发行　全国各地新华书店经销

*

开本:889×1194　1/32　印张:5　字数:130 千字

2003 年 3 月第一版　2012 年 8 月第五次印刷

定价:15.00 元

本书如存在文字不清、漏印以及缺页、倒页、脱页等,请与本社发行部联系调换

序　言

　　全球变化科学是从20世纪80年代发展起来的一个新兴的科学领域。其研究对象是气候系统(包括岩石圈、大气圈、水圈、冰冻圈和生物圈)、各子系统内部以及各子系统之间的相互作用。它的科学目标是描述和理解人类赖以生存的气候系统运行的机制、变化规律以及人类活动在其中所起的作用与影响，从而提高对未来环境变化及其对人类社会发展影响的预测和评估能力。近20年来，全球变化的研究方向经历了重大调整。首先是从认识气候系统基本规律的纯基础研究为主，发展到与人类社会可持续发展密切相关的一系列生存环境实际问题的研究；其次是从研究人类活动对环境变化的影响，扩展到研究人类如何适应和减缓全球环境的变化。全球变化的研究已经取得了重大的进展。

　　气候变化是全球变化研究的核心问题和重要内容。科学研究表明，近百年来，地球气候正经历一次以全球变暖为主要特征的显著变化。近50年的气候变暖主要是人类使用矿物燃料排放的大量二氧化碳等温室气体的增温效应造成的。现有的预测表明，未来50~100年全球的气候将继续向变暖的方向发展。这一增温对全球自然生态系统和各国社会经济已经产生并将继续产生重大而深刻的影响，使人类的生存和发展面临巨大挑战。

　　自工业革命(1750年)以来，大气中温室气体浓度明显增加。大气中二氧化碳的浓度目前已达到368 ppmv(百万分之一体积)，这可能是过去42万年中的最高值。增强的温室效应使得自1860年有气象仪器观测记录以来，全球平均温度升高了0.6 ± 0.2℃。

最暖的14个年份均出现在1983年以后。20世纪北半球温度的增幅可能是过去1 000年中最高的。降水分布也发生了变化。大陆地区尤其是中高纬地区降水增加,非洲等一些地区降水减少。有些地区极端天气气候事件(厄尔尼诺、干旱、洪涝、雷暴、冰雹、风暴、高温天气和沙尘暴等)的出现频率与强度增加。近百年我国气候也在变暖,气温上升了0.4～0.5℃,以冬季和西北、华北、东北最为明显。1985年以来,我国已连续出现了17个全国大范围暖冬。降水自20世纪50年代以后逐渐减少,华北地区出现了暖干化趋势。

对于未来100年的全球气候变化,国内外科学家也进行了预测。结果表明:(1)到2100年时,地球平均地表气温将比1990年上升1.4～5.8℃。这一增温值将是20世纪内增温值(0.6℃左右)的2～10倍,可能是近10 000年中增温最显著的速率。21世纪全球平均降水将会增加,北半球雪盖和海冰范围将进一步缩小。到2100年时,全球平均海平面将比1990年上升0.09～0.88 m。一些极端事件(如高温天气、强降水、热带气旋强风等)发生的频率会增加。(2)我国气候将继续变暖。到2020～2030年,全国平均气温将上升1.7℃;到2050年,全国平均气温将上升2.2℃。我国气候变暖的幅度由南向北增加。不少地区降水出现增加趋势,但华北和东北南部等一些地区将出现继续变干的趋势。

气候变化的影响是多尺度、全方位、多层次的,正面和负面影响并存,但它的负面影响更受关注。全球气候变暖对全球许多地区的自然生态系统已经产生了影响,如海平面升高、冰川退缩、湖泊水位下降、湖泊面积萎缩、冻土融化、河(湖)冰迟冻与早融、中高纬生长季节延长、动植物分布范围向极区和高海拔区延伸、某些动植物数量减少、一些植物开花期提前等等。自然生态系统由于适应能力有限,容易受到严重的、甚至不可恢复的破坏。正面临这种危险的系统包括:冰川、珊瑚礁岛、红树林、热带雨林、极地和高山生态系统、草原湿地、残余天然草地和海岸带生态系统等。随着气候变化频率和幅度的增加,遭受破坏的自然生态系统在数目上会有所增加，其地理范围也将增加。

气候变化对国民经济的影响可能以负面为主。农业可能是对气候变化反应最为敏感的部门之一。气候变化将使我国未来农业生产的不稳定性增加，产量波动大；农业生产布局和结构将出现变动；农业生产条件改变，农业成本和投资大幅度增加。气候变暖将导致地表径流、旱涝灾害频率和一些地区的水质等发生变化，特别是水资源供需矛盾将更为突出。对气候变化敏感的传染性疾病（如疟疾和登革热）的传播范围可能增加；与高温热浪天气有关的疾病和死亡率增加。气候变化将影响人类居住环境，尤其是江河流域和海岸带低地地区以及迅速发展的城镇，最直接的威胁是洪涝和山体滑坡。人类目前所面临的水和能源短缺、垃圾处理和交通等环境问题，也可能因高温、多雨而加剧。

由于全球增暖将导致地球气候系统的深刻变化，使人类与生态环境系统之间业已建立起来的相互适应关系受到显著影响和扰动，因此全球变化特别是气候变化问题得到各国政府与公众的极大关注。

1979年的第一次世界气候大会（主要由科学家参加）宣言提出：如果大气中的二氧化碳含量今后仍像现在这样不断增加，则气温的上升到20世纪末将达到可测量的程度，到21世纪中叶将会出现显著的增温现象。1990年11月，第二次世界气候大会（由科学家和部长参加）通过了《科学技术会议声明》和《部长宣言》，认为已有一些技术上可行、经济上有效的方法，可供各国减少二氧化碳的排放，并提出制定气候变化公约的问题。1991年2月联合国组成气候公约谈判工作组，并于1992年5月完成了公约的谈判工作。1992年6月联合国环境与发展大会期间，153个国家和区域一体化组织正式签署了《联合国气候变化框架公约》。1994年3月21日公约正式生效。截止到2001年12月共有187个国家和区域一体化组织成为缔约方。公约缔约方第一次大会于1995年3月在德国柏林召开。经过两年的艰苦谈判，1997年12月在日本京都召开的公约第三次缔约方大会上通过了《京都议定书》，为发达国家规定了到2008～2012年的具体的温室气体减排义务。

1988年11月世界气象组织和联合国环境规划署建立了"政府间气候变化专门委员会（IPCC）"，其主要任务是定期对气候变化科学知识的现状、气候变化对社会和经济的潜在影响，以及适应和减缓气候变化的可能对策进行评估，为各国政府和国际社会提供权威的科学信息。自成立以来，IPCC已组织世界上数以千计的不同领域的科学家完成了三次评估报告及"综合报告"。目前，IPCC正在准备编写第四次评估报告，将于2007年完成。此外，还组织编写了许多特别报告、技术报告。IPCC组织编写的这些评估报告，作为制定气候变化政策和对策的科学依据提交给国际社会和各国政府。它不仅为各国政府部门制定气候变化对策提供了科学信息，而且也直接影响着《联合国气候变化框架公约》及《京都议定书》的实施进程，并在荒漠化、湿地等其他国际环境公约的活动中发挥着越来越大的作用。

全球气候变化问题，不仅是科学问题、环境问题，而且是能源问题、经济问题和政治问题。全球气候变化问题将给我国带来许多挑战、压力和机遇。

国际上要求我国减排温室气体的压力越来越大。目前我国二氧化碳排放量已位居世界第二，甲烷、氧化亚氮等温室气体的排放量也居世界前列。预测表明，到2025～2030年间，我国的二氧化碳排放总量很可能超过美国，居世界第一位；目前低于世界平均水平的我国人均二氧化碳排放量可能达到世界平均水平。由于技术和设备相对落后、陈旧，能源消费强度大，我国单位国内生产总值的温室气体排放量比较高。

我国减排温室气体的潜力受到能源结构、技术和资金的制约。煤是我国的主要能源，在我国一次能源消费中，煤炭约占70%。受能源结构的制约，我国通过调整能源结构来减少二氧化碳排放量的潜力有限。如果近期就承担温室气体控制义务，我国的能源供应将受到制约。同时,因缺少相应的技术支撑,我国的经济发展将受到严重影响。因此,我国的能源结构和减排成本决定了我国不可能过早地承诺减排义务。在相当一段时期内,我国应坚持"节约能源、优化能源结构、提高能源利用效率"的能源政策,但是需要相当的技术和资金作为保证。目前发达国家希望通过"清洁发展机制(CDM)"项目,从发展中国家获得减排抵消额。这将为发展中国家获得新的投资和技术转让带来机遇。

我国党和政府对气候变化问题一直非常重视,早在1986年就成立了国家气候委员会,其职责是参加国际有关组织相应的活动,并在开展气候研究、预报、服务等工作中,负责对外的国际合作、交流,对内起到组织协调的作用,并与各有关部门共同协商、配合工作,充分发挥各有关单位的积极性,使气候科学更好地为国家建设服务。1995年成立了国家气候中心,专门从事气候监测、预测和评价等工作,为我国经济建设和社会发展提供了卓有成效的服务。目前,气候变化与生态环境问题已引起党和政府的高度关注。但是总体来看,迄今为止我国还未把适应与减缓气候变化影响的问题真正提上议事日程,这方面的研究仍十分薄弱和不足。由于全球气候变暖可能给我国自然生态系统和社会经济部门带来难以承受的、不可逆转的、持久的严重影响。因此,应对全球气候变暖的影响,趋利避害,应成为我国实施可持续发展时必须重视的问题之一。需要全面深入研究气候变化对我国自然生态系统和国民经济各部门的影响后果、可采取的适应与减缓措施,并在对其进行成本-效益分析的基础上,提出我国适应与减缓气候变化影响的规划和行动计划。

为了宣传和普及气候和气候变化方面的科学知识,提高公众在全球变化问题上的科学认识,我们组织编撰出版这套《全球变化热门话题》丛书。本套丛书一共18册,由国内相关领域的知名专家撰稿,内容包括以下三方面:一是以大量监测数据为基础,揭示全球变化的若干事实及其在各个分系统中的表现形式;二是以太阳辐射、大气化学、大气物理、环境和生态演变等多学科交叉理论为基础,深入浅出地阐述气候变化的成因;三是以可持续发展理论为指导,提出人类适应和减缓全球变化的各种对策、途径和方法。该丛书的出版,旨在使人们对全球变化有清醒而全面的科学认识,从而更加关注全球变化,并且在更高的层次上、更广泛的范围内认识我国在全球变化中的地位和作用,自觉参与人类社会的共同决策,保护人类赖以生存的地球环境。

国家气候委员会主任
中国气象局局长　秦大河

2003 年 3 月 23 日

目 录

绪言 ·· (I)
第一章 自然灾害的形成与全球变化 ······················ (1)
　自然灾害形成的自然因素 ····································· (2)
　　地球的形成与演化 ·· (2)
　　地球各圈层的特点和各类自然灾害的形成 ············ (3)
　自然灾害形成的社会因素 ····································· (6)
　灾害的成因分类与全球变化 ·································· (7)
　　自然灾害 ··· (7)
　　人为自然灾害 ··· (9)
　　人类及社会灾害 ·· (9)
第二章 中国的主要自然灾害 ··································· (11)
　气象灾害 ·· (12)
　　干旱灾害 ··· (13)
　　暴雨灾害 ··· (14)
　　热带气旋灾害 ··· (14)
　　风雹灾害 ··· (16)
　　低温冷冻灾害 ··· (16)
　　其他气象灾害 ··· (17)
　洪涝灾害 ·· (17)
　海洋灾害 ·· (18)
　　风暴潮灾害 ·· (20)

　　　　风暴海浪灾害 …………………………………………… (21)
　　　　海啸灾害 ……………………………………………… (22)
　　　　赤潮灾害 ……………………………………………… (22)
　　地震灾害 ………………………………………………………… (23)
　　地质灾害 ………………………………………………………… (25)
　　　　崩塌、滑坡、泥石流灾害 …………………………… (25)
　　　　地面沉降、地面塌陷、地裂缝灾害 ………………… (27)
　　　　水土流失、土地沙漠化、土地盐渍化灾害 ………… (27)
　　　　海水侵入、海岸侵蚀 ………………………………… (29)
　　农作物生物灾害 ………………………………………………… (30)
　　森林生物灾害 …………………………………………………… (31)
第三章　中国各类自然灾害的时空分布特点和相关性 ……… (34)
　　主要自然灾害活动的周期性 …………………………………… (34)
　　　　干旱 …………………………………………………… (35)
　　　　洪涝 …………………………………………………… (36)
　　　　热带气旋 ……………………………………………… (37)
　　　　风暴潮 ………………………………………………… (38)
　　　　风暴海浪 ……………………………………………… (38)
　　　　海冰 …………………………………………………… (39)
　　　　地震 …………………………………………………… (39)
　　　　崩塌、滑坡、泥石流 ………………………………… (40)
　　主要自然灾害空间分布的地域性与方向性 …………………… (40)
　　　　干旱 …………………………………………………… (41)
　　　　暴雨和洪涝 …………………………………………… (41)
　　　　热带气旋 ……………………………………………… (43)
　　　　风暴潮 ………………………………………………… (43)
　　　　地震 …………………………………………………… (44)
　　　　地质灾害 ……………………………………………… (46)
　　　　农作物生物灾害 ……………………………………… (48)

中国自然灾害空间分布特点和分区 …………… (48)
  中国自然灾害空间分布特点 …………………… (48)
  中国自然灾害分区 ………………………………… (50)

第四章 地球气圈、水圈、岩石圈自然变异的基本情况和相关性 …………………………………………………… (55)

 气候变化、海平面变化及地壳构造运动周期的一致性
 …………………………………………………………… (56)
  气候变化 …………………………………………… (56)
  海平面变化 ………………………………………… (62)
  地壳构造运动 ……………………………………… (69)
 地球诸圈层自然变异空间格局的相似性 …………… (74)
  中国蕴灾地质构造环境、地貌环境、气候环境空间
  格局的相近性 ……………………………………… (74)
  全球诸圈层运动方向的相似性 …………………… (84)

第五章 全球变化与自然灾害系统的形成 ……………… (91)

 引起全球变化的原因 …………………………………… (91)
  地球自转 …………………………………………… (92)
  地球自转角速度变化 ……………………………… (94)
  地球公转 …………………………………………… (102)
  日、月和其他星体对地球运动的影响 …………… (103)
  地热作用 …………………………………………… (106)
  太阳的影响 ………………………………………… (107)
  地球在银河系中位置的变化 ……………………… (110)
  人类活动 …………………………………………… (111)
  其他原因 …………………………………………… (113)
 自然灾害系统的形成 …………………………………… (115)
  自然灾害系统的构成 ……………………………… (115)
  自然灾害系统形成假说 …………………………… (118)

第六章　21世纪初中国自然灾害发展态势和减灾策略 …(125)
　21世纪初自然灾害发展态势预测 ……………………(125)
　　自然因素…………………………………………………(125)
　　人类活动和社会经济因素………………………………(127)
　　21世纪初中国自然灾害发展态势预测…………………(129)
　　21世纪初中国主要巨灾高风险区预测…………………(132)
　21世纪初中国重大减灾策略 ………………………………(135)
　　加强自然灾害综合监测预报……………………………(135)
　　大力推动减灾系统工程…………………………………(136)
　　实行减灾分区管理………………………………………(137)
　　减灾要与资源开发、环境建设统筹规划………………(138)
　　加强减灾法制建设，提高全民减灾意识………………(138)
主要参考文献……………………………………………………(140)

绪　言

20世纪70年代以来,由于人类活动造成的环境污染和环境破坏所引起的全球气候变化问题,逐渐受到全世界的关注。现在人们已清醒的意识到,人类本身有意或无意地破坏环境的行为已经使地球环境趋向恶化,甚至能破坏大气层的结构,改变全球气候,给人类社会造成广泛而深远的灾难。因此,全球变化问题便成了当今世界的热门话题。

1992年联合国人类环境与发展大会召开,183个国家通过与签署了《里约热内卢环境与发展宣言》、《21世纪议程》、《关于森林问题的原则声明》、《联合国气候变化框架公约》、《生物多样性公约》等宣言文件。会议提出了"环境与发展不可分割,要保护地球生态环境、实现可持续发展,建立新的全球伙伴关系"的主张,受到包括我国在内的各国政府的高度重视。世界各国相继采取了各种措施,投入了保护地球生态环境,促进社会经济可持续发展的行动。

几乎与此同时,全球自然灾害损失也在快速增长。以我国为例,由气象灾害、洪涝灾害、海洋灾害、地震灾害、地质灾害、农作物生物灾害和森林灾害等七大类自然灾害造成的直接经济损失,在20世纪50~60年代年均400~500亿元(1990年不变价,下同),70~80年代年均500~600亿元,80年代末年增至600亿元以上,90年代达到1000~2000多亿元。尤其是近几年,非洲大旱、东南亚和欧洲大水、美国飓风等特大自然灾害频频发生,太平洋中一些岛国,由于海平面上升,濒于覆灭的危境。因此许多科学家又对全人类提出忠告:要警惕由于全球变暖和海平面上升带来的灾难。他们认为世界特大自然灾害频发的原因主要是全球变暖;全球变暖是人类活动引起的灾难性的恶性变化,必须号召全人类限制温室气体的排放,以防止气候变暖和海平面上升。

然而,当我们对全球变化有关的问题深入思考后,就不能不怀疑,近年自然灾害频发的原因主要是由于全球变暖引起的吗?无可否认,人类活动的确可以引起一些自然灾害发生,但是从大量史实和事实来看,早在20世纪70年代以前—即全球明显变暖以前,也有许多特大自然灾害发生,甚至在人类出现以前还有比近代自然灾变不知大多少倍的自然巨变发生,如许多地质历史时期,海平面比现代海平面要高几米、几十米、甚至100多米。这些变化肯定和人类活动引起的"全球变暖"无关,相反,其中必有其他原因。

我们认为,人类活动造成的大气环境污染的确可能引起全球变暖,但是,是否全球变暖都归因于人类活动呢?那就不一定了。根据我国确凿的地质记录和历史记录,过去许多时期,气温远比现代为高,而那时根本不会存在"温室气体过多排放"问题。

因此,我们一方面应重视人类活动引起的气候变暖问题,但是另一方面更应深入研究气候冷暖、海平面升降等现象的自然规律。

全球变化不是单纯限于气候变化,完整的概念应指地球方方面面的变化——既包括人类活动引起的变化,也包括地球运动和太阳活动等自然因素导致的变化;既包括地球气圈、水圈、生物圈和岩石圈表层系统的变化,也包括地球内部的变化;既包括各个圈层变化的物理过程,也包括各个圈层变化的化学过程及生物过程;既包括地球各个圈层单独的变化,也包括地球整体的变化;既包括地球现今的变化,也包括历史时期的变化;既包括引起全球变化的"因",也包括全球变化导致的"果"……。全球变化涉及的范围已从人类活动、气候系统的变化,扩展到地球表层系统和整个地球系统的变化。因此,应从全球变化现象的研究,深入到全球变化全过程和形成机制的全面研究。

环境与灾害都是全球变化的产物。地球自从诞生之日起,就在"渐变"与"突变"交替过程中发展演化。在漫长的地质历史进程中,地球上曾出现过多次比现代自然灾害规模与程度都大得多的火山爆发、岩浆活动、海侵与海退、气候剧变、生物灭绝等事件,不过当时没有人类,尚不能称为灾害,只能称为"灾变"。而在灾变事件之间,地球及其各个圈层的缓慢的渐变现象,则常视为地球环境的变化。这种观念一直延续至今,如气候渐变常作为气候环境问题,而气候突变造成的人员伤亡与财产损失,则被视为气象灾害问题,实际上两者是相互联系的,都与气圈的自然变异相关。这就是环境与灾害的自然属性。

人类是地球环境演化的产物,人类的生存与发展一直受着地球环境(包括气候环境、海洋环境、地质环境、生态环境以及其他环境)的影响与制约。同时,人类也是环境的塑造者,初期由于人类改造环境的能力低下,主要是适应环境以求发展;然而近代情况则不然,由于当代科学技术突飞猛进的发展,人类社会在强度和规模上已具备了改变环境的空前能力,人类在创造自身生存的美好空间的同时又有意无意地破坏着环境,从而导致日愈严重的环境恶化局面。

另一方面,人类活动作为一种日益强大的动力因素在直接造成人为灾害的同时,其中的不合理的资源开发、对环境的肆意破坏、工程建设以及战争、动乱等,则助长了多种自然灾变的活动,甚至导致许多人为自然灾害发生。总之,环境与灾害问题影响了人类社会的安全与发展;同时许多环境与灾害问题又是由人类社会活动诱发或加重的,这就是环境与灾害的社会属性。

由此看来,一方面需要研究人类活动在环境恶化与灾害频仍等方面的影响,即研究环境与灾害的社会属性;但另一方面更需要研究环境与灾害的自然属性,即研究环境变化与灾害发生的自然因素;因为人类赖以生存的地球已有约46亿年的历史,远在人类出现以前,地球作为太阳系的一个成员,随着太阳系的演化,就在不停地运动、变化并导致了地球环境的演变。首先,地球从浑沌状态逐渐分异为地核、地幔、岩石圈、水圈、气圈、生物圈各大圈层;继而各大圈层的运动和变化,又形成各自的环境体系。现代地球仍在转动,地球各圈层仍在运动着、变化着,地球的各个环境系统当然也在发生着日新月异的变化,这是变化的自然规律,也是环境变化最重要的原因,它是不以人的意志为转移的,目前的人力也难以改变自然规律的发展轨迹。实际上,人类本身也是自然环境发展演化的产物,人类的发展和活动也必然受着环境的控制或制约。同样地,由于自然环境时刻发生着或好或坏的变化,当变化的程度超过一定限度,特别是发生突然巨变的时候,就会危及人类社会,造成人员伤亡和财产损失,就形成严重的自然灾害。

因此,我们在研究环境与灾害问题时,一方面要重视人类活动和社会问题;另一方面也必须重视地球运动与变化的自然规律,而且后者可能起着更大的控制作用。

本书编写的目的就是从全球变化的产物——我国重大自然灾害形成的双重因素——自然因素与人为因素研究入手,重点探讨自然灾变及其相关因素的时空变化规律,进而探索引起全球变化的原因;并根据全球变化的原因以地球运动整体观为指导,统一考虑地球气圈、水圈、岩石圈的演化规律及人类活动的影响,预测我国未来重大自然变异的趋势与自然灾害的发展态势;然后在顺应自然规律的前提下,提出我国社会减灾策略,以促进我国减灾事业的发展,保护环境,使 21 世纪我国社会发展的前景更美好。

本书是在科技部国家计委国家经贸委灾害综合研究组及相关部门——中国气象局、中国地震局、国家海洋局、水利部、国土资源部、农业部、国家林业局等许多专家多年研究工作成果的基础上完成的,编写过程中参考或使用了参考文献中的数据资料,作者在此均诚恳地表示感谢。

第一章
自然灾害的形成与全球变化

什么是自然灾害呢？

自然灾害是以自然变异为主因造成的危害人类生命、财产、社会功能以及资源环境的事件或现象。

自然灾害是怎样形成的呢？从以上自然灾害的定义中可以看出，形成自然灾害有两个必备的条件：其一，自然变异和自然灾变是引发自然灾害的自然因素；其二，受危害的人、财产、资源、环境等受灾体是造成灾害损失的社会因素。

自然变异指自然界的各种变化或异化。自然变异的程度可大可小，但是如果超过一定限度就会使某种受灾体受到伤害或损失，这时的自然变异则称为自然灾变。譬如说气温的变化属于自然变异，但如果气温下降到0℃以下或上升到35℃以上，就可能出现冷冻灾害或干热风灾害，如此超常的变化，就可称为"自然灾变"。

自然变异、自然灾变和自然灾害是三个不同的观念，前两个属于自然界事物的变化或异化，衡量标准是灾变能量的大小（或者灾变强度）和频次；后者为社会损失，衡量的标准是人口伤亡数量、受灾体损毁的数量和程度等。本书研究的重点是自然灾变；但需要说明的是，为了与各界普遍理解的自然灾害的概念内涵取得一致，除非特别说明，本书以下各章节中，自然灾害一词的含义均为自然灾变。

引起自然灾变的原因很多，如星体撞击、人类活动等都可引起自然灾变，导致自然灾害发生。然而大多数自然灾变都是由地球及其各个圈层运动、组成物质的异化和发生某些物理、化学或生态变化引起的，也就是说自然灾变主要是由地球运动和全球变化引起的。

因此，为了弄清自然灾变的成因和规律，首先需要了解地球运动与全球变化的一些重要概念。

自然灾害形成的自然因素

自然灾害的形成既有自然因素，也有社会因素（马宗晋、高庆华、张业成、高建国 1998）。在这两方面因素中自然因素是主要的。引起自然灾害的自然因素主要是地球和各圈层物质的运动和变化，所以说地球的运动和变化是自然灾害形成的主因。因此，为了搞清自然灾害的形成规律，首先应该了解一下地球形成与演化的知识。

地球的形成与演化

关于地球的起源至今尚无一致的意见。许多人认为地球最初是围绕太阳旋转的宇宙原始物质或者是由旋转的太阳甩出的一团旋转着的星云物质（戴文赛 1977）；在引力的作用下，该星云物质发生收缩，并获得引力能；引力能可以转化为热能，同时由于放射性物质蜕变所释放出的热能，二者合在一起使原始地球逐渐加热融熔。另一方面，由于星云物质收缩，必然使这团星云物质旋转角速度增加，离心力增大，于是在引力、离心力和热能的联合作用下，这团星云物质的内部便发生了分异。

当温度超过了铁的熔点,原始地球的铁元素就以液态出现,液态铁及少量的镍由于密度大便逐渐流向地心形成地核。在地核的形成过程中,由于重物质的下降又释放出大量重力势能,这些势能可转化为热能,使地球保持融熔状态,并在铁镍下降的同时,较轻的硅酸盐物质上升,形成硅酸盐地幔和地球表层的地壳。从地球核心向着地壳,岩石由铁质核心→橄榄岩、榴辉岩→辉长岩→玄武岩、花岗岩等渐次变化,这恰好反映了一个物质密度递减的系列。

当星云物质最初凝聚在一起的时候,气体可能像海绵中的气体一样充填在星云的其它物质中;以后随着引力收缩,便把气体挤到地球表面上来形成大气圈。之后在地球凝固的过程中,各类气体又不断地通过岩浆活动和火山作用从地球内部逐渐排出进入地球的大气圈。早期的地球大气圈物质大部分为水蒸气,例如当代火山活动排出的气体中,水蒸气占 75%以上,而地球早期的火山活动更为频繁,大气圈中的水蒸气含量可能更高。大气中水降到地表,地壳以内的水也被挤到地表,它们汇合在一起就形成了地球的水圈。原始海洋在太古宙即已出现(因有水成岩),在近 40 亿年的时间里,因地壳内部的排气、排水作用逐步增长,使海洋扩大到现在的状况。

水圈和气圈的出现为生物繁演创造了基本的环境条件,经过了几亿年的生物进化,形成了繁荣的地球生物圈。至此,由于地球的分异,地球的各个圈层——地核、地幔、地壳、水圈、气圈、生物圈等逐渐形成(马宗晋、高庆华等 2000 年)。

地球各圈层的特点和各类自然灾害的形成

地球形成 50 亿年以来,仍在不停地转动着,其各个圈层也在不断地运动着、变化着,形成了各个地质时期的各种地质现象和自然现象。迄今,运动仍在继续,尤其是与人类关系密切的地球表层系统——大气圈、水圈、生物圈、岩石圈经常发生的异常变化,常常引起生态环境的变化和自然灾害的发生。

为了认识各类自然灾害形成的规律,我们首先需要了解一下地球各个圈层的特点。

地核:地球的核心为液态地核,占地球总体积的 16.19%,总质量的 31.44%。主要成分为铁,约占 90%;其次是镍,约占 9%;其它成分主要为硫和硅。由于地核处的压力大于 $1550t/cm^2$,温度高达 5000℃,密度在 $9g/cm^3$ 以上,所以地核可能是液态的。

地幔:地核之上为"地幔",占地球总体积的 82.26%,由富锰贫铝的所谓"橄榄石"型硅酸盐岩石组成。地幔进一步可分为上地幔与下地幔,地幔的上部为软流圈。

地幔的化学成分以富镁、硅、氧为特征,所以主要为镁、铁硅酸盐组合。

软流圈物质相当于二辉橄榄岩的成分,是岩浆的主要策源地。在大洋裂谷、大陆裂谷及年青造山带,软流圈的位置升高,岩浆活动强烈。

岩石圈:岩石圈是包括地壳和部分上地幔的固态层壳,位于软流圈之上。其厚度变化很大,在洋脊处接近于零,而在大陆下有时可达 140km 以上,平均厚 77km,总质量为 $124×10^{18}t$。岩石圈从上向下可分沉积层、基底层(硅铝层与硅镁层)、幔岩层。

水圈:岩石圈之上为地球的水圈。地球总面积的 71% 被海洋覆盖,估计占有面积 3.6 亿 km^2,平均深 3.7km,体积为 13.4 亿 km^3,相当于地球总体积的 0.15%,占地球全部水量的 97.2%。

水圈除了以液态形式出现的海洋、河、湖外,还有以固态形式出现的两极巨大冰帽和一些高山冰川。北极的冰帽主要分布在格陵兰,其面积 215 万 km^2 的陆地约有 164 万 km^2 被厚冰覆盖,有的地方冰厚达 1.5km,约占地球全部冰量的 10%。南极的冰帽更大,覆盖面积达 1280 万 km^2,平均厚度 2.4km,有的地方达 5km,约占地球全部冰量的 86%。在许多海拔 5000m 以上的高山还有现代冰川。地球上的冰总计约 3700 万 km^3,如全部融化则海洋平均

第一章 自然灾害的形成与全球变化

水位要上升 60m 以上。

在地质历史上,冰川的规模时大时小,在冰川极盛时期,冰帽总量比现在多 3～4 倍,海平面比现在低 120m,那时,现在水深 130m 的大陆架边缘是真正的大陆边缘。大陆架的平均宽度大约为 80km(一般东海岸宽、西海岸窄),也就是说,在冰川极盛时期,大陆面积要扩大 2600 万 km^2。

大气圈:地球外层为大气圈。大气的结构、成分和性质主要随着高度而变化,从下而上可分为以下 4 层。

① 对流层——温度随高度而直线递减。对流层的高度在两极地区约为 9km,在赤道约为 17km,引起对流的能量主要来自地面辐射差异。对流层的大气成分有氮、氧、氩、氖、氪、氙、甲烷、一氧化碳、二氧化碳、水蒸气等。

② 平流层——对流层之上温度又回升,到约 50km 高处,温度回升到接近地面温度。在该层,因大气多平流运动,故此层叫平流层。平流层的能量主要来自太阳辐射。平流层的大气成分主要是氮、氧。平流层中,20～35km 范围内臭氧集中为臭氧层。

③ 中层——距地面约 50km 以上,温度又随高度而下降,这一层叫中层,顶面约距地面 85km。

④ 热层——中层以上为热层,它吸收了太阳能,最初温度随高度增加很快,以后变慢,乃至进入和高度无关的恒温。

热层之上为大气圈的外层(逃逸层)。

大约在距地面 50km 以上,大气开始发生光电离,就是说一部分中性原子受太阳的作用而分成离子和电子,这一层叫电离层,高达数百公里。电离层之上为等离子层和磁层,主要的粒子是质子和电子,其分布受太阳风和磁场的控制。

生物圈:地球上的生物主要发育在大气圈对流层、水圈和岩石圈上部,构成了一个依附于水资源与空气资源的生物圈层。

地球各个圈层的出现,是地球发展演化过程中的阶段性产物,现今的圈层不同于过去,今后各个圈层仍会变化。地球各个圈层的物质不同,运动状态不同,因此,便出现了不同的自然变异。当这些自然变异的强度超过一定程度,就会发生灾变,形成自然灾害。自然灾害是全球变化的产物,不同圈层的变异便形成了不同类别的自然灾害:

气圈,天气的异常变化导致暴雨、洪水、风雹、寒潮等灾害——统称为气象灾害;

水圈,海水的异常运动和变化导致风暴潮、风暴海浪、海啸等灾害——统称为海洋灾害;陆地水的异常活动导致洪水灾害和涝渍灾害——统称为洪涝灾害;

岩石圈,岩体和土体异常运动和变化导致地震及崩塌、滑坡、泥石流等地质灾害——统称为地质灾害;

生物圈,有害生物的暴发或流行导致农作物病、虫、草、鼠害和森林病、虫、草、鼠害——统称为农林生物灾害。

自然灾害(指自然灾变)并非人类诞生以后才出现的自然现象。地球诞生几十亿年来,在漫长的地质历史进程中,出现的那些大规模火山爆发、岩浆活动、海侵与海退、气候剧变、生物灭绝以及陨石撞击等自然灾变事件,与现代自然灾害实际上是一脉相承的。因此,现代自然灾害的变化规律,应该是地质时期自然变异的演化规律的延续。

自然灾害形成的社会因素

人类出现以后,便以生物界前所未有的能力对自然界进行了干预。人类社会的早期,人口稀少,生产力低下,缺乏改造自然的能力,主要是顺乎自然以求生存,对自然界改造与破坏的程度不大。但是随着人口的增长、科学的进步,特别是社会组织功能的发挥,人类改造自然的能力愈来愈大;为了满足人口和社会经济发展的需求,人类无节制地向自然界索取土地、淡水、空气、矿产等资源,并将废料遗弃在地球表层,加之人类工程活动对自然环境随心所欲的改造和破坏,使地球生态环境日益恶化,这是近年来全球很多地区灾害丛生的一个重要原因。

中国地域广大,环境复杂多变,一方面有丰富的物产、秀美的河山、肥沃的土地、适宜的气候,蕴育了中华民族的文明和发展;但另一方面由于自然变异和人类社会活动,特别是近年来人口剧增,过量利用资源,破坏环境,以及不合理的经济活动和盲目发展,致使不良环境问题日益严重,影响了社会经济发展,甚至危及人类生命、财产的安全,主要问题是:

(1) 破坏森林植被,不但造成严重水土流失,而且加剧了自然灾害;

(2) 破坏草场,荒漠化急剧发展;

(3) 过量开采水资源使地表水体萎缩,地下水位下降,并造成地面沉降、地面塌陷、海水入侵等灾害;

(4) 严重的环境污染不但使淡水资源质量降低,直接危害人类健康和正常生活,而且导致大面积酸雨和赤潮等灾害;

(5) 生物多样性减少;

(6) 过多的温室气体排放,引起气候变暖,海平面上升,在部分地区造成了灾害;

(7) 随着社会经济的发展,受灾体的数量和价值快速增长;由于防灾能力建设滞后,使社会脆弱性增大。

这些问题是我国自然灾害严重的重要社会原因。

灾害的成因分类与全球变化

灾害的形成既有自然因素,也有社会因素。具体灾害成因及分类情况请详见图 1.1。因此,从成因上可将灾害分为两大类:一是自然灾害类;二是社会灾害类。

自然灾害

自然灾害的形成虽包含社会因素,但自然因素是主要的。在所有的致灾自然因子中,地球各个圈层的活动,即气候系统、海洋系

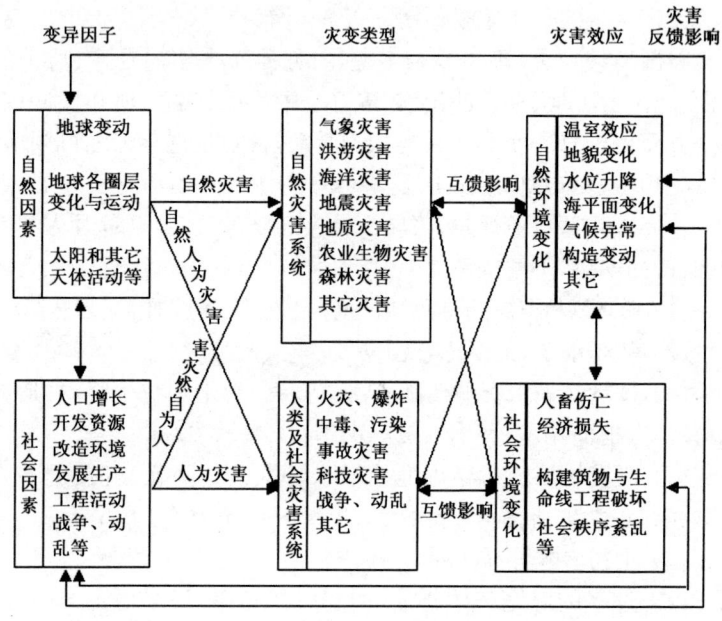

图 1.1 灾害成因及分类框图

统、地壳构造系统、生物系统等的变化和运动具有最主要的作用。因此,按自然灾害形成的主因,可将自然灾害分为 8 类(马宗晋、高庆华、张业成、高建国 1988)。

气象灾害:主要由气圈活动引起。包括:旱灾、暴雨灾害、热带气旋灾害、风雹灾害、低温冷冻灾害、连阴雨灾害、干热风灾害、龙卷风灾害、沙尘暴灾害、酸雨灾害、雾灾害等。

洪涝灾害:主要由大陆水圈活动引起。包括:洪水灾害、涝灾、渍灾等。

海洋灾害:主要由海洋水圈活动引起。包括:风暴潮灾害、海浪灾害、海啸灾害、海冰灾害、赤潮灾害等。

地震灾害:主要由地壳运动引起。包括:构造地震、矿山地震、陷落地震等。

第一章　自然灾害的形成与全球变化

地质灾害：主要由地壳表层活动引起。包括：崩塌、滑坡、泥石流、地面塌陷、地面沉降、地裂缝、土地沙化、水土流失、土地盐渍化、海水入侵等。

农作物生物灾害：主要由生物圈活动引起。包括：农作物虫害、农作物病害、农田草害、农田鼠害等。

森林灾害：主要由生物圈活动引起。包括：森林虫害、森林病害、森林鼠害、森林火灾等。

其它灾害：如环境灾害、天文灾害等。

人为自然灾害

人为自然灾害是指在一定自然环境背景下，由于人类社会活动引起的自然变异所造成的灾害，主要有：

(1) 破坏水土生态环境引起的自然灾害，包括部分水土流失、土地沙化和土地盐渍化等；

(2) 过量开发水资源引起的自然灾害，如一些地面沉降、地面塌陷、地裂缝、海水入侵等；

(3) 因物理、化学、生物污染环境引起的灾害，如赤潮、酸雨、大气污染等；

(4) 采矿引起的自然灾害，如岩爆、突水、突泥、瓦斯爆炸、冒顶、矿井塌陷等；

(5) 工程与生产活动引起的自然灾害，如一些滑坡、塌方、岩崩、水库诱发地震等；

(6) 人类过失行为引起的自然灾害，如大部分森林大火、部分溃坝水灾等。

人类及社会灾害

这类灾害主要是由于人为原因造成的，但人的行为在一定条件下也受到自然因素的影响。因此，人类及社会灾害中除人为灾害外，也包含了自然人为灾害在内，主要有以下几种：

(1) 火灾。主要有森林火灾、房屋火灾等；
(2) 事故灾害。主要有交通事故、空难、海难、工程事故等；
(3) 卫生灾害。主要有职业病、传染病、食物中毒等；
(4) 科技灾害。主要有核事故、卫星发射失败、计算机事故等；
(5) 政治灾害。主要有战争、恐怖、暴乱等；
(6) 其它灾害。如假冒伪劣产品灾害等。

第二章
中国的主要自然灾害

中国是世界上自然灾害最严重的国家之一,灾害种类多、强度大、频率高、损失重、时空分布不均。新中国成立以来,平均每年有数万人死于自然灾害。在各类自然灾害中:①损失最重的是洪涝灾害,主要发生在7大江河流域中下游。1950年以来,年平均受灾农田面积667万公顷,成灾农田面积470万公顷,每年死亡约5000人、倒塌房屋200余万间。②影响面积最广的是气象灾害。其中干旱最严重,1950年以来,年均受旱农田面积约2000万公顷,成灾农田面积约670万公顷,是导致粮食减产的最主要的灾害。③伤亡人口最多、造成社会恐灾心理最严重的是地震灾害。我国是世界上大陆地震最多的国家,1950年以来死于地震的人数已达28万多人,共倒塌房屋700余万间。目前全国基本烈度Ⅶ度及以上地区占全国国土面积的32.5%,全国有46%的城市和许多大型工业设施、矿区、水利工程都存在严重的地震威胁。④经济损失增长最快的是海洋灾害。据统计,20世纪50~60年代,年平均损失仅数亿元,在90年代以后,年平均损失达100亿元以上。⑤人为致灾作用最严重的是地质灾害。据统计，崩塌、滑坡、泥石流、地面沉降、地面塌陷、地裂缝、矿井灾害等地质灾害中有2/3以上与不合理的人类社会活动有关。⑥种类繁多、直接严重危害农业生产的是农作物生物灾害。严重的生物灾害有1648种。20世纪90年代以来，估计每年因生物灾害损失粮食200亿公斤、棉花400万担[①]，且严重降低水果、蔬菜、油料及其它经济作物的产量和品质。⑦对林业生产和生态环境危害最严重的是森林灾害。我国主要的森林虫害有5020种，病害有2918种，鼠害有160余种，每年致灾面积在700万公顷以上。森林火灾平均每年发生1.43万次，受灾森林面积82.2万公顷。森林灾害除直接危害林业发展外，还是破坏生态最严重的灾害（国家科委全国重大自然灾害综合研究组，1994）。

中国自然灾害为什么如此严重呢？这个问题需要从两个方面来看，一方面，我国人口众多，许多地区人口财产集中，防灾能力比较低，难以抗拒自然灾变的侵袭；另一方面则与我国发生在地球表层的气圈、水圈、岩石圈、生物圈的各种自然变异强度大、频率高、影响范围广有关，这一特点可以由各类自然灾害的形成条件和影响程度反映出来。

气象灾害

气象灾害指由气象原因造成的灾害。主要包括：旱灾、暴雨灾害、热带气旋灾害、风灾、雹灾、沙尘暴灾害、寒潮和强冷空气灾害、霜冻灾害、雪灾等。

我国位于欧亚大陆东南部、濒临太平洋与印度洋的位置，大部分地区受季风气候控制，冬季主要为极地大陆气团或变性极地气团所控制，盛行西北、北和东北风；而夏季，该地区为热带和副热带

---

① 1担=50kg

海洋气团及热带大陆气团所控制,盛行西南、南和东南风。在这样的大气环流与气候环境背景下,我国的降水、气温及风、云等气候和气象的变化具有显著的多种尺度的波动性、突变性和异变性,从而形成或诱发了多种气象灾害。

干旱灾害

干旱灾害是指由于干旱缺水造成的灾害。

根据气象灾害的形成过程来看,干旱主要是由于月、季或年降水量比常年(多年平均)明显偏少而造成的。是由时间尺度较长的气候波动或气候异变而引起的。

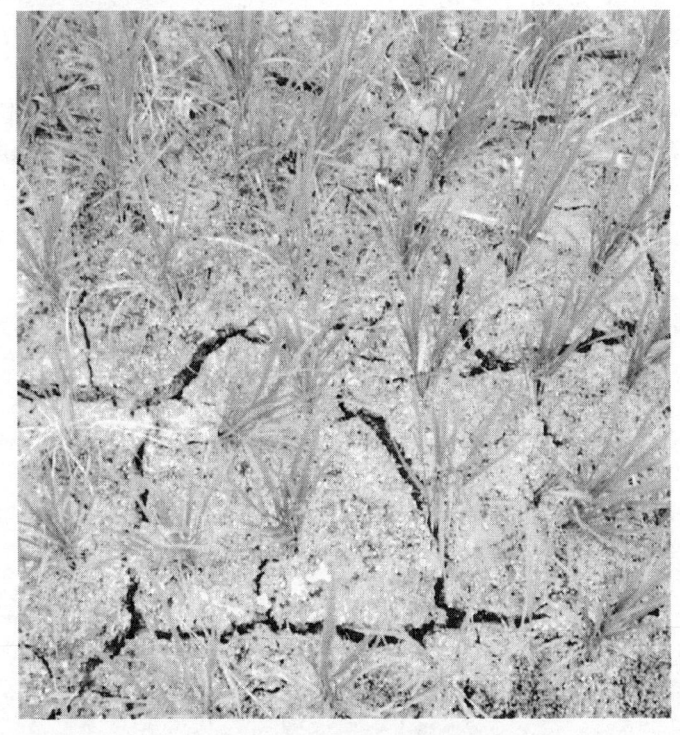

因干旱而龟裂的土地

旱灾是危害严重的自然灾害。如 1928～1929 年,我国大部分地区降水量不足常年平均降水量的一半。甘肃、宁夏、陕西、山西、河南、青海以及安徽、湖北、湖南、四川发生严重旱灾,危害区域近半个中国。据有关史料,1929 年,陕西 88 个县夏秋粮食因干旱而颗粒无收,致使 250 万人饿死;同年,甘肃 58 个县大旱,造成共计 230 万人死亡,其中 140 万人死于饥饿,60 万人死于疫病,30 万人死于匪祸。

暴雨灾害

暴雨灾害是指由强度很大的降雨所造成的灾害。

我国气象部门规定,24 小时降水量为 50mm 或以上的雨称为"暴雨"。暴雨形成的过程是相当复杂的,从宏观物理条件来说,一般主要受下列因素控制:①要有充沛的水气,对流层下部饱和层要厚,而且要有源源不断的水气供应;②要有强烈的上升气流;③强降水持续时间较长。我国的暴雨有着明显的季节性,各地暴雨过程出现的时间基本上与气候雨带的南北推移相吻合,即华南多发生在 4～6 月及 8～9 月,江淮多在 6～7 月,北方多在 7～8 月份。暴雨时常引发暴雨洪水和积涝,进而造成更大的灾害损失。如:1975 年 8 月 4～8 日,河南省的汝河、沙河、颖河、唐河和白河流域上游地区遭受特大暴雨袭击,使板桥、石漫滩两座大型水库漫坝失事,全省有 29 个县遭灾,110 万 hm^2 农田被淹,受灾人口达上千万人,死亡数万人。

热带气旋灾害

指发生在热带或副热带海洋上的气旋性涡旋及其引发和伴生的大风、暴雨、风暴潮等所造成的灾害。

采用世界气象组织规定,根据气旋中心附近最大风力大小将热带气旋划分为 4 级:

① 热带低压:气旋中心附近最大平均风力为 6～7 级,即平均

风速为 10.8~17.1m/s；

② 热带风暴：气旋中心附近最大平均风力为 8~9 级，即平均风速为 17.2~24.4m/s；

③ 强热带风暴：气旋中心附近最大平均风力为 10~11 级，即平均风速为 24.5~32.6m/s；

④ 台风：气旋中心附近最大平均风力为 12 级或以上，即平均风速达 32.6m/s 以上。

伪彩色可见光台风云图（据中国气象局资料）

热带气旋来势凶猛，并伴随狂风、暴雨、巨浪，因而常造成巨大的破坏；特别是受热带气旋危害的沿海地区，由于人口、财产密集，工农业生产发达，所以常造成十分严重的破坏损失与社会经济影响。如 1922 年 8 月 2 日（民国十一年六月初十日），热带气旋从广东汕头一带沿海登陆,狂风巨浪、风暴潮席卷潮汕沿海,造成7万多人死亡。1997年8月18日,9711号热带气旋袭击浙江、福建、江苏、安徽等8省沿海地区,使291个县(市)的6460万人、600万公顷农田受灾,死亡261人,倒塌房屋52万间,直接经济损失达509亿元。

风雹灾害

风雹灾害是指在对流性天气控制下,积雨云中凝结生成的冰块从空中降落而造成的灾害。

冰雹是从发展强盛的积雨云中降落到地面的冰球或冰块。其直径一般为5~50mm,大的直径可达30cm以上,常给人畜安全和农作物带来严重危害。

雹灾除破坏农作物、危害农业生产外,有时还造成不同程度的人口伤亡和房屋破坏。如1992年4月下旬,浙江、湖北、安徽、广西的一些地区发生雹灾,除造成28万hm^2农田受灾外,还导致大约250人死亡、5800多人受伤、47万间房屋遭受破坏。

低温冷冻灾害

低温冷冻灾害主要是因来自极地的(强)冷空气及寒潮侵入造成的。(强)冷空气及寒潮入侵可使气温在1~2天内急剧下降8℃~10℃或以上,从而造成农作物的生理机能损伤或死亡,导致减产。低温冷冻灾害主要包括倒春寒、夏季低温、寒露风、霜冻和冷冻害等。

在春季天气回暖过程中,常因冷空气的侵入,使气温明显降低,对作物造成危害,这种"前春暖,后春寒"的天气称为倒春寒。倒春寒是南方早稻播种育秧期的主要灾害性天气,是造成早稻烂种烂秧的主要原因。

东北夏季低温冷害,主要是在作物生长期内发生异常低温而造成作物严重减产的一种灾害,是导致我国东北地区粮食产量不稳的重要原因。

寒露风是秋季北方冷空气频繁南下，使江淮及其以南地区的气温明显降低，导致双季晚稻受害而减产的一种低温冷害。

霜冻是春末或秋初，由于冷空气的入侵，使土壤表面、植物表面以及近地面空气层的温度骤降到0℃以下，使植物原生质受到破坏，导致植株受害或者死亡的一种短时间性的低温灾害。

此外，越冬作物分蘖拔节期间出现根径外露，受严寒作用而发生的冻害现象称"冻拔害"。冬季，雨滴与地面或飞机等接触而即刻冻结的雨称为冻雨。这些也是较常见的冷冻害。

其它气象灾害

如龙卷风、沙尘暴、黑风、雪灾、雷暴等灾害多是由中短期和短时天气过程的激烈变化而引起的。

洪涝灾害

洪涝灾害是由陆地水在一些地区超常增加而引发的各种灾害，包括洪水灾害与涝灾、渍灾。其中洪水灾害指由降雨、融雪（冰）、堤坝溃决等原因引起江、河、湖、库及沿海水量增加、水位上涨而泛滥以及山洪暴发等所造成的灾害。主要包括山洪、暴雨洪水、融雪洪水、冰凌洪水、水利工程失事洪水、溃坝洪水、溃堤洪水等。

涝灾指因积水过多而造成的灾害。

渍灾指在低洼地区因地下水位过高，土壤水分长期处于饱和状态而造成的灾害。

实际上，洪水、涝灾和渍灾三者多数情况下很难截然分开，故常统称为洪涝灾害，亦泛称水灾。

在中国几千年发展历程中，水灾一直是对中华民族威胁最严重的自然灾害之一。据邓拓在《中国救荒史》中所进行的统计，从西汉建立到清末，即公元前206年到公元1911年的2117年中，共发生水灾1011次,平均约2年发生一次。

20世纪前半期,我国水灾尤其严重,平均每年全国有168个县受灾;不同年份灾害轻重差异很大,轻灾年受灾县数不足100个,最轻为43个(1927年),重灾年受灾县在250个以上,最重达592个(1931年)。

20世纪后半期,我国每年都有不同程度和范围的水灾发生,累计共造成25.9万人死亡,平均每年死亡5300人,累计倒塌房屋1.1亿间,平均每年220万间,平均每年受灾农作物913万公顷,成灾农作物510万公顷,分别占耕地面积的10%和5%左右,年均直接经济损失几百亿元。重灾年死亡人数超过1万人,倒塌房屋500万间以上,受灾农作物1300万公顷以上,成灾农作物650万公顷以上,直接经济损失1000亿元以上。

松花江洪水泛滥,大片农作物和村镇被淹(范瑞锋拍摄)

海洋灾害

在众多自然灾害中,我们把发生在海域和滨海地区,由于海水激烈运动、海洋自然环境异常变化,且运动和变化超过人们适应能力而发生的人员伤亡及财产损失的事件和现象称为海洋灾害。它主要包括风暴潮、海啸、风暴海浪、海冰、海雾、赤潮(及其他生物灾害)等突发性较强的灾害,同时还包括海岸侵蚀、海湾淤积、海水入侵沿海地下含水层、海平面上升、沿海土地盐渍化等缓发性灾害。这些灾害中有的属自然灾害,有的属人为海洋灾害或人为海洋自然灾害;后两者如由于沿海地区地下水超采等所造成的海水入侵,以及海洋污染所导致的灾害等。

引发这些海洋灾害的原因主要有:大气的强烈扰动,如热带气旋、温带气旋、寒潮及冷空气侵袭等;海洋水体本身的扰动或状态骤变,如海水结冰、海洋潮汐、上升流等;海底地震、火山喷发及其伴生的海底塌陷、海底裂缝、海底滑坡等岩石圈运动;人类活动的影响等。

沿海地区是我国城镇、人口、财产密度最高,社会经济最发达的地区。所以尽管海洋灾害危害范围不如洪水、旱灾那样广阔,但对人民生命财产和社会经济发展仍具有重要影响。特别是近几十年来,不但沿海地区社会经济持续高速发展,而且伴随海上运输、海洋资源开发利用等蓬勃兴起,一方面使各类海洋灾害的破坏作用越来越广泛、造成的危害损失越来越严重;另一方面,由于人类活动影响,也使海洋污染和海洋环境的异常变化加剧,并导致赤潮等灾害日趋严重。在这种情况下,近年来,海洋灾害已成为损失增长最快、对沿海地区未来社会经济发展影响最大的自然灾害之一。

据粗略统计,各种海洋灾害在20世纪50年代平均每年造成的经济损失约1亿元左右;60年代约1~2亿元;70年代2~4亿元;80年代前期5~10亿元,后期10亿元以上;90年代以来有所增长,1990年92.7亿元,1991年20亿元左右,1992年102亿元,1993年84亿元,1994年174亿元左右,1997年超过了500亿元。

海冰冰情(扬华庭供稿)

风暴潮灾害

　　风暴潮灾害是由强烈大气扰动引起的海面异常升降而造成的灾害。根据诱发风暴潮的大气扰动特点,把风暴潮分为由热带气旋引起的台风风暴潮和由温带气旋引起的温带风暴潮两大类。根据增水高度又可将风暴潮分为风暴增水、弱风暴潮、强风暴潮、特强风暴潮4个等级。

　　风暴潮是破坏力强大的海洋灾害。我国地处太平洋西岸,两类风暴潮都很频繁,是世界上风暴潮灾害特别严重的国家。不但发生频次高、灾害分布广,而且强度比较大,常造成大量人口伤亡和经济损失。

风暴潮不但损毁船只,而且还破坏房屋、农田、海堤以及码头、港口等工程设施,并造成不同程度的人员伤亡。新中国成立以来到1990年,全国平均每年因风暴潮而受灾人口340万、死亡665人、倒塌房屋19万间、损坏船只1778艘、溃决海堤438km、受灾农作物119万hm^2。1949年以来,全国风暴潮所造成的破坏损失在波动中不断增长,特别是20世纪80年代以后,各种破坏数量急剧上升,到90年代,每年受灾人口达2000万人以上,经济损失超过100亿元。

风暴海浪灾害

风暴海浪灾害是指由海上大风引起的波高6m以上海浪造成的灾害。

海浪是由风产生的海面波动,其周期为0.5~25s,波长为几十厘米到几百米,波高一般几厘米到20m不等,个别可达30m以上。由热带气旋、温带气旋和强冷空气大风等引起的海浪,常能掀翻船只,摧毁海岸工程和海上设施,造成灾害。

我国海域的灾害性海浪大致分为台风浪、寒潮浪、气旋浪三种。我国各大海域均广泛发育风暴海浪,其中以南海、东海和台湾以东及巴士海峡最严重,黄海和台湾海峡次之,渤海最轻。

灾害性海浪常造成严重人员伤亡和财产损失。如1923年8月18日台风引起的狂涛达10m之高,停泊在香港的16艘远洋轮船被抛上海岸,另有一艘潜水艇沉没;停泊在九龙船坞内的1700多吨的"龙山号"轮船被风浪拉断锚链抛进大海沉没,造成40余人死亡。1939年农历七月十五日一次强台风,致使滨海县海堤被风浪海潮摧毁,溺死1.3万人。

新中国成立以后,波高6m以上的灾害性海浪一般每年发生

10～20次,多发年达30次以上,最多超过50次。据统计,1982～1990年,中国近海因灾害性台风海浪翻沉各类船只共14345艘、损坏9468艘、死亡和失踪4734人、受伤约4万人,平均每年沉损船只2600多艘、死亡520人。最严重的1985年翻沉船只4236艘,死亡和失踪1030人;1986年翻沉4102艘船只,死亡889人;1990年翻沉3300艘船只,死亡876人。

海啸灾害

海啸在滨海区域的表现形式是海水陡涨,并以排山倒海之势向海岸推进,瞬时涌入陆地,吞没城镇、村庄、田地,然后海水又迅速退去,或先退后涨,有时反复多次,造成巨大损失,甚至毁灭性破坏。

世界上一些地区海啸灾害严重,但我国海啸灾害频次不多,危害不重。据历史记载,自公元前47年至公元1993年我国共发生地震海啸灾害27次,其中20世纪发生8次,都属于等级较低、破坏较小的海啸。在我国,海啸分布以台湾、广东、福建沿海为主,部分发生在浙江、山东、辽宁和海南沿海。

赤潮灾害

赤潮灾害是指因海洋中某一种或多种浮游生物在一定环境下暴发性增殖或聚集而造成的灾害。

赤潮多发生在春季和夏季,在热带或亚热带海域冬季也有发生。赤潮覆盖面积从几十平方千米到几千平方千米不等。赤潮严重破坏海洋生态环境,直接危害海洋渔业和养殖业,并严重威胁人类的健康和生命安全。如1989年8月5日至10月14日,渤海西部发生赤潮,面积达$1300km^2$,使黄骅、沧州、天津、潍坊、莱州对虾减产,损失2亿元以上。

赤潮虽然在历史上就有发生,但只是近代才日益严重;特别是在20世纪80年代以后,随着我国沿海地区工农业生产的迅速发展和人口的急剧增加,大量工农业废水和生活污水排放入海,海洋污染日趋严重,使赤潮变得日益频繁和严重。我国1933年首次报道在浙江镇海至台州石浦近海发生赤潮。以后在南海、东海、黄海和渤海相继有越来越多的赤潮报道。据统计,1901~1994年我国近海共发现赤潮194次(不含香港海区和台湾省周围海域),其中20世纪60年代以前只有4次,70年代3次,80年代30次,1990~1994年仅在大陆沿海就发现赤潮157次;每年赤潮发生面积也持续增长,20世纪90年代以来每年都在5000km^{2}以上,1990、1991、1992年达15000~20000km^2。

地震灾害

　　地震是由岩石圈运动引发的,地震造成的人员伤亡、财产损失、环境和社会功能的破坏称为地震灾害。

　　中国受欧亚地震带和环太平洋地震带控制,地震活动频繁而又强烈,是世界上大陆地震最活跃、地震灾害最严重的国家之一。据统计,20世纪中国共发生6级以上地震650多次;其中Ms≥7级的地震100次,约占世界7级及以上地震的1/10;8级以上地震10次;全球共发生Ms≥8.5级的特大地震4次,其中2次发生在中国,分别是1920年宁夏海原8.5级地震和1950年西藏察隅—墨脱8.6级地震。

　　由于中国大部分地震震源浅,房屋和工程建筑抗震性能差,所以震灾十分严重。20世纪中国地震死亡人数达61万多人,约占世界地震死亡总人数的36%,居世界首位。20世纪全世界共发生3次死亡10万人以上的毁灭性地震,其中有2次发生在中国,分别是1920年宁夏海原地震和1976年河北唐山地震。

　　1976年7月28日,河北唐山7.8级地震共造成24.2万人死亡,167539人重伤,541063人轻伤。该地震使唐山市成为一片废墟,市区死亡14.9万人,全家震亡绝户7218户;地震毁坏房屋

台中县大里寺的"台中奇迹"被 9.21
大地震震倒的大楼如推骨牌

629万间,损坏房屋139万间,工业、公用建筑受损149万间,3座大型水库、2座中型水库、240座小型水库发生不同程度的破坏,铁路、公路、桥梁严重破坏,死亡牲畜48万头,农田受损8万公顷,直接经济损失100亿元。

据统计,1949~1997年,中国大陆发生5级和5级以上地震共1210次,造成人员死亡和万元以上经济损失的灾害性地震710多次,共造成278000多人死亡,约85万人受伤,11000万间民房、170万间工业和公共建筑、5500多座桥梁、近900座水库毁坏,直接经济损失460亿元(1990年不变价)。

地质灾害

指在地壳表层由地壳物质运动变异或其它地质作用形成的灾害。主要包括崩塌灾害、滑坡灾害、泥石流灾害、地裂缝灾害、火山灾害、地面沉降灾害、地面塌陷灾害、矿山地质灾害、水土流失灾害、土地沙漠化灾害、土地盐碱化灾害、海水入侵灾害等。我国构造运动强烈,地形地貌复杂,地质环境人为破坏严重,是世界上地质灾害最严重的国家之一。

崩塌、滑坡、泥石流灾害

崩塌、滑坡、泥石流主要发生在山区,又称山地地质灾害。

崩塌灾害指陡峭斜坡上的岩土体在重力作用下,突然脱离母体,发生崩落、滚动所造成的灾害。

滑坡灾害指斜坡上的岩土体在重力作用下,沿软弱面(或软弱带)整体向下滑动所造成的灾害。

泥石流灾害指在山区沟谷或山坡上,由夹带大量砂石泥土,具有强大冲击力的特殊洪流所造成的灾害。

崩塌、滑坡、泥石流灾害是山区最常见的突发性地质灾害,尤其是伴随强烈暴雨洪水和地震,常发生大面积的群发性活动。例如,1920年12月16日宁夏海原大地震,山崩、滑坡无数,其中会宁清江驿二处山崩,摧毁村庄、桥梁,阻塞响水河。1998年长江、松花江和其他一些江河流域暴雨洪水引起崩滑流18万处之多。据不完全统计,近十几年来,共发生一次损失1万元以上,或伤亡人口

湖北巴东新城二道沟滑坡

泥石流冲毁公路(据东川泥石流观测站)

的灾害性崩滑流活动3万多次,其中造成重大破坏损失的灾害约1000多次,全国平均每年经济损失36亿元。重庆、兰州等400多个城镇和100多个大中型企业受到危害,其中20多个城市、50多个大中型企业被迫搬迁,全国 20 多条铁路沿线发育有大型泥石流沟 1400 多条、大中型滑坡 1000 多处、崩塌(危岩)近万处,近 10000km 线路和几十个车站受到威胁,列车脱轨、颠覆以及车站、桥梁被淤埋、冲毁事件屡屡发生。大江大河中上游地区不同程度地遭受崩滑流灾害威胁。特别是长江三峡地区崩滑流尤其发育,有新滩滑坡、鸡扒子滑坡、黄腊石滑坡、链子崖危岩等多个著名的灾害体;在建设中的长江三峡库区沿岸发育有体积 500 万 m^3 以上的崩塌(危岩)、滑坡 392 处,平均 7km 左右就有一处,其中大于 1000 万 m^3 的特大型崩塌(危岩)和滑坡 55 处,给三峡工程建设、城镇移民和以后水库安全有效运营造成严重威胁。

地面沉降、地面塌陷、地裂缝灾害

地面沉降、地面塌陷、地裂缝主要发生在平原和盆地地区,又称平原地质灾害。

地面沉降灾害指由于地震作用和人为活动影响,地面发生下沉,地表高程降低所造成的灾害。

地面塌陷灾害指地表岩土体在一定地质作用下,向下陷落所造成的灾害。

地裂缝灾害指地表岩土体在一定地质动力作用下开裂,形成裂缝而造成的灾害。

这些灾害不仅可以直接毁坏房屋和其它建筑物,而且由于地面标高的降低还可使洪涝灾害、海水入侵灾害、水污染灾害加剧。

水土流失、土地沙漠化、土地盐渍化灾害

这三种灾害是缓发性地质灾害,主要由地质环境恶化引起,又称地质环境灾害。

(1) 水土流失

我国是世界上水土流失特别严重的国家。据调查统计,1997 年底,全国水土流失总面积 182.66 万 km^2,约占国土总面积的

19%。我国水土流失分布非常广泛,其中以黄土高原地区最严重,长江、珠江中上游和山东半岛、辽东半岛等地区比较严重。目前,黄土高原地区水土流失面积达 43 万多 km^2,年均每平方千米侵蚀模数约 80000t,平均每年流失表土厚度 3.5cm,每年流入黄河 16 亿 t 泥沙。长江流域水土流失面积约 56 万 km^2,年侵蚀表土 24 亿 t。

水土流失已对土地资源以及生态环境造成极其严重的危害。估计全国每年流失的表土有 50 亿 t 以上,因此损失的土壤营养物质约折合化肥 4000 万 t。水土流失还导致严重的河湖水库淤积,使它们的功能持续下降,进一步加剧洪水灾害;例如黄河中下游河床每年淤高 4～12cm,导致河床一般高出两岸地面 3～5m,部分河段高出 10m 以上,最高达 16m,成为举世瞩目的"地上悬河";长江中下游干流也逐年淤高,行洪能力不断下降,洞庭湖、鄱阳湖等大量湖泊迅速淤浅萎缩,蓄洪调洪能力严重下降,还有许多湖泊干涸消逝,是这些地区洪灾空前加剧的重要原因。此外,水土流失还严重破坏森林等植被的生境,影响森林等植被的繁衍,进而导致流域生态环境恶化,并成为许多地区严重贫困的根本原因。

(2) 土地沙漠化

我国现有沙漠和沙漠化土地共计 154 万 km^2,约占国土总面积的 16%。其中沙漠戈壁 116 万 km^2,沙漠化土地 34 万 km^2,风沙化土地 4 万 km^2。我国的沙漠和沙漠化土地主要分布在北纬 37°～42°之间的区域,以新疆、甘肃、青海、内蒙古、宁夏、陕西、山西、河北等省(区)最严重。

土地沙漠化不仅对土地资源造成严重破坏,使我国耕地质量不断下降,数量不断减少,人多地少的矛盾更加突出,而且严重破坏生态环境,并加剧旱灾、风灾、沙尘暴等灾害,造成更加深远的危害。

(3) 土地盐渍化

全国现有各类盐渍化土地 99 万 km^2,其中现代盐渍化土地 37 万 km^2,残余盐渍化土地 45 万 km^2,潜在盐渍化土地 17 万 km^2。主要分布在东部滨海和西北内陆地区,以青海、西藏、新疆和黑龙江、吉林、辽宁、河北、山东、江苏等省(区)最严重。

我国土地盐渍化除大部分分布在人口稀少的内陆荒漠地区外,还有近 8 万 km^2 的盐渍化土地分布在农田耕作区,使这些地区的耕地质量下降,农作物减产,甚至无法耕种,一些地区农业生产因此受到严重影响;例如,山东省因盐渍化每年造成经济损失 20 亿元以上。此外,盐渍化还对生态环境产生一定影响。

海水侵入、海岸侵蚀

海水入侵:滨海地区因长期超强度开采地下水或因矿井地下水强烈疏干等原因,造成地下水位大幅度下降,甚至低于海平面,地下淡水与海水的动力平衡遭到破坏,致使海水沿地下孔隙、裂隙或溶蚀孔洞向陆地扩侵,并最终使地下淡水资源遭到破坏的现象称为海水入侵灾害。

我国海水入侵灾害主要是自 20 世纪 70 年代以后逐渐发生并又不断发展的。据初步调查,全国已发生海水入侵的面积近 $1000km^2$,最大海水入侵距离 10km 以上。较严重灾害发生的地区为:大连市、莱州湾和山东半岛沿海、河北秦皇岛北戴河沿海,此外在广西北海市和涠洲岛、苏北琼港等地也有小面积海水入侵活动发生。

海水入侵的直接危害是破坏滨海地区的地下淡水资源,加剧这些地区的水资源供需矛盾,影响人民生活和工农业生产秩序。如,大连市 5 个地下水源地遭受海水入侵后被迫限产或停产;北戴河海滨疗养区地下水源地的大部分水井因海水入侵而报废;山东省莱州市因海水入侵造成 2631 眼机井报废,十几万人生活用水困难,每年粮食减产 30% 左右,每年减少工业产值几亿元。与此同时,海水入侵区生态环境也遭到破坏。

海岸侵蚀:海岸侵蚀是在自然或人为活动作用下,海岸遭受侵蚀破坏不断后退的现象。

我国海岸侵蚀广泛发生在辽东湾、渤海湾、莱州湾、苏北和东南沿海地区,以苏北的淮河口至射阳河口一带最严重,平均每年蚀退 15~200m。

海岸侵蚀除威胁房屋、公路等工程设施和耕地外,还破坏了旅游资源,影响了生态环境,严重危害了养殖业。

农作物生物灾害

农作物生物灾害指因病菌、病毒、害虫、鼠、杂草等有害生物暴发或流行使农作物不能正常生长发育,甚至死亡,因此导致减产或绝收的现象。

我国农业生物灾害种类繁多,从总体上可分为病害、虫害、草害、鼠害 4 大类。对我国农业生产造成严重危害的农作物生物灾害有 1648 种,其中病害 724 种、虫害 838 种、恶性杂草 64 种、害鼠 22 种(表 2.1)。由于各地的气候条件、生态环境、作物种类和耕作栽培制度的不同,农作物生物灾害的发生、流行以致成灾有很大区域差异。

表 2.1 主要农作物病害、虫害、草害、鼠害

病害	小麦锈病、小麦赤霉病、麦类白粉病、稻瘟病、稻白叶枯病、水稻纹枯病、玉米大斑病、玉米小斑病、棉花枯萎病、棉花黄萎病等
虫害	蝗虫、粘虫、小麦吸浆虫、稻飞虱、水稻螟、棉铃虫、棉红铃虫、大豆食心虫、地下害虫等
草害	稻田恶性杂草、麦田恶性、玉米田恶性杂草、棉田和大豆田恶性杂草
鼠害	鼢鼠、沙鼠等

农作物病害、虫害、草害、鼠害严重危害农业生产,20 世纪 90 年代以后,估计每年因灾损失粮食 200 亿 kg、棉花 400 万担,并严重降低水果、蔬菜、油料和其它经济作物的产量和品质,每年因农作物生物灾害造成的经济损失有 100 亿元以上。

东亚飞蝗在山西黄河滩芦苇丛聚集(朱恩林摄)

森林生物灾害

对森林或林木造成破坏的有害生物昆虫共 5020 种;其中,病害 2918 种、鼠害 160 余种。1950 年以来,每年森林病虫害平均发生面积在 700 万 hm² 以上,每年减少林木生长量约 1700 万 m³,因森林生物灾害枯死森林面积年均约 30 万 hm²。近几十年来,全国森林病虫害发生面积呈不断扩大趋势;1951 年为 4.92 万 hm²,1961 年为 99.72 万 hm²,1971 年为 243.2 万 hm²,1981 年为

736.53万hm²,1990年增至1052.67万hm²。因此造成的经济损失也随之不断增长:20世纪50～60年代每年1～4亿元;70年代每年4～8亿元;80年代以后一年比一年高,达8～22亿元;90年代高达50亿元。

危害我国森林最主要的害虫为松毛虫,其分布遍及全国,每年松毛虫成灾面积约200万hm²,减少松树生产量300万m³。松毛虫分布也有明显地区差异,在海拔低于400m、平均气温25℃以上的地区为松毛虫常灾区;海拔400～500m、气温在10℃～25℃的地区为偶灾区;海拔800m以上、积温最小地区是安全区。

患多种树干病害的杨树(袁嗣令供图)

除松毛虫外,松材线虫、杨树蛀干害虫、泡桐大袋蛾等也是危害严重的害虫。

森林病害中,主要有杨树烂皮病、松疱锈病、松萎蔫病、枣疯病、溶叶病、泡桐丛枝病等。我国森林病害造成的损失也很严重,例如,近年来,每年因泡桐丛枝病造成的经济损失可达2000多万元。

我国森林鼠害主要发生在东北西部、华北北部、西北等森林生态较差的地区。鼠害对森林的危害逐年严重,1990年鼠害发生面积为1200余万亩[①],损失3亿元。

---

① 1亩=666.6m^2

第三章

中国各类自然灾害的时空分布特点和相关性

历史上,自然灾害有时很强,有时很弱,起起伏伏,就像波浪一样发展着,一次灾害严重期后,经历一段较平静的时段后,又出现一段灾害的严重时期,由此形成自然灾害活动的周期性或准周期性。

空间上,自然灾害的分布也很不均匀,有的地方较严重,有的地方较轻微。灾害集中的地带,往往称为灾害带,它常按一定的走势分布,这就是自然灾害分布的方向性。

自然灾害的周期性与方向性是怎样形成的呢?一方面它与社会受灾体在不同历史时期的密度、价值和空间分布的变化有关,这属于社会经济发展问题;另一方面则与地球自然变异的历史发展和空间特点有关,这些显然与全球变化有关。因此,研究导致灾害的自然变异和自然灾变的周期性与空间分布的方向性,无疑可以为认识全球变化的规律提供重要的资料。

主要自然灾害活动的周期性

据统计资料,我国主要自然灾害活动都

第三章 中国各类自然灾害的时空分布特点和相关性

有多种尺度的周期或准周期。

干 旱

历史上的干旱时轻时重。如通过对海河流域近2000年旱涝史料的分析,该流域可以划分出5个干旱期(汤仲鑫,1992):

第一干旱期:公元1～99年;
第二干旱期:201～540年;
第三干旱期:1100～1200年;
第四干旱期:1600～1699年;
第五干旱期:1800～1994年。

我国降水的周期变化现象也十分显著。根据旱涝史料的分析(张先恭,1975),近500年来我国东部地区的降水变化大体可分三个阶段:1475～1691年为干旱期,共213年;1692～1890年为湿润期,共199年;1891年至今为干旱期,已持续了100余年(图3.1)。

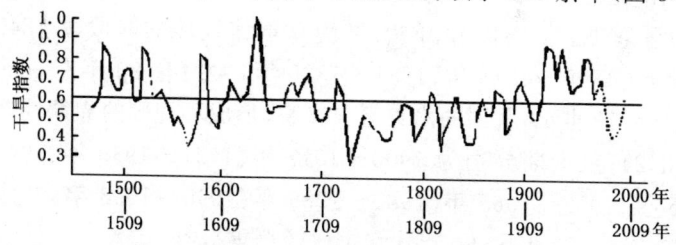

图 3.1 1470～1977年我国东部地区干旱
指数十年滑动平均曲线图(据张先恭)
(虚线为预测值)

在较短时间尺度上,还可进一步划分出100年左右的干旱期,即1475～1520年为干旱期;1520～1620年为湿润期;1620～1720年为干旱期;1720～1890年为湿润期;1890年至今为干旱期。

20世纪,我国大部分地区的降水有大约30年及20年左右的周期性变化规律:1900～1930年为少雨期(其中1910年前后多雨);1931～1958年为多雨期(其中40年代少雨);1959～1983年为少雨期(其中70年代中期多雨);20世纪末期雨水有所增加。另外,偶数年代即20世纪初的20、40、60、80年代为少雨期;奇数年代即10、30、50、70、90年代为多雨期。此外还有尺度更短的5～6年和2～3年的周期性变化。我国南方与北方的降水虽然时常出现此消彼长现象,但周期大致相同。

洪 涝

根据海河流域2000年旱涝史料分析,该流域可以划分出五个湿润期(汤仲鑫,1992),分别是公元前200～公元前1年、100～200年、750～1000年、1300～1500年和1700～1799年。

根据张先恭1975的资料,我国东部近500年来,1692～1890年为湿润期,共199年。在200年左右的旱涝周期中,还可进一步划分出100年左右的旱涝周期,其中1520～1620年、1720～1890年为湿润期;从1840年开始,洪涝灾害比较多的时段为1845～1855年、1865～1873年、1881～1899年,大约有20年左右的周期。进入20世纪,我国的水灾轻重交替,形成不规则的周期性规律(图3.2);重灾期分别为1906～1917年、1931～1939年、1947～1955年、1959～1965年、1980～1985年、1990～1998年;总体来看,30年代、50年代、90年代水灾比较严重。

20世纪,我国典型的特大水灾主要有:1915年8月珠江流域特大洪水;1931年7、8月长江淮河流域特大洪水;1932年8月松花江流域特大洪水;1933年8月黄河中游特大洪水;1938年黄河及淮河流域特大洪水;1939年7、8月海河流域特大洪水;1954年夏江淮流域特大洪水;1957年7、8月松花江流域特大洪水;1963年8月海河流域特大洪水;1975年8月淮海水系特大洪水;1981年7月长江上游四川盆地特大洪水;1985年8月辽河特大洪水;1991年夏江淮流域特大洪水;1998年夏长江和松花江流域特大洪水等。

第三章 中国各类自然灾害的时空分布特点和相关性 · 37

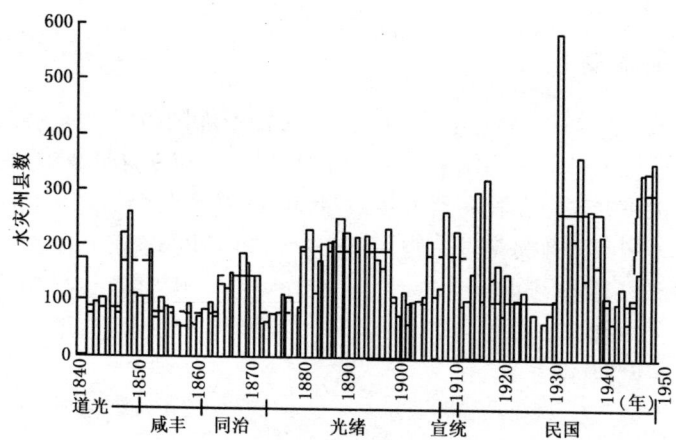

图 3.2 1840～1949 年全国水灾历年受灾县数变化图
(虚线为阶段平均值，据国家防汛抗旱总指挥部，1997)

热带气旋

热带气旋在中国近海每年都要发生，但登陆次数和破坏损失程度不一。据统计分析，20 世纪以来，平均每年有 6.5 次登陆，最少 2 次(1920 年)，最多 20 次(1961 年)。多灾年分别为：1913～1914 年、1922～1927 年、1933～1935 年、1940 年、1949 年、1952～1953 年、1959～1962 年、1967 年、1971 年、1973～1974 年、1980 年、1989～1990 年、1994～1995 年(图 3.3)。似乎存在周期为 10 年左右和 5 年左右的韵律变化。

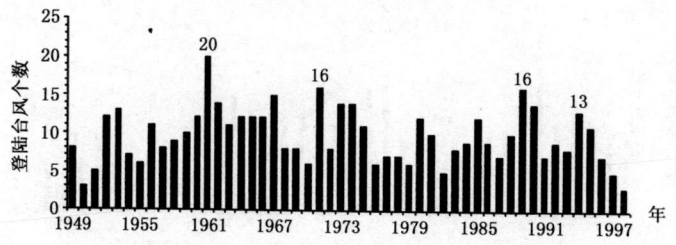

图 3.3 1949～1998 年中国逐年登陆台风个数图

风暴潮

我国风暴潮活动有明显的季节性和不规则的多年周期性变化。台风风暴潮主要发生在 7～10 月,以 8 月和 9 月最集中;温带风暴潮主要发生在晚秋到来年早春,即 11 月至翌年 4 月。

不同年份风暴潮发生频次不一。1950 年以来,较严重的风暴潮灾害集中在 1951～1954 年、1960～1964 年、1971～1974 年、1978～1981 年、1986～1990 年,即 10 数年就出现一次较严重的风暴潮频发期(图 3.4)。

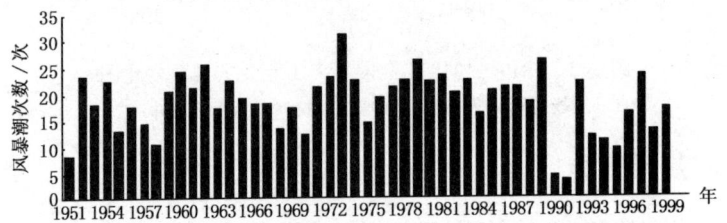

图 3.4 1951～1999 年中国风暴增水≥1m 的风暴潮的频次分布图

风暴海浪

风暴海浪也有多年不规则的周期性变化,具有强弱交替特点;这与洪涝、台风、风暴潮的变化特点基本类似(图 3.5)。

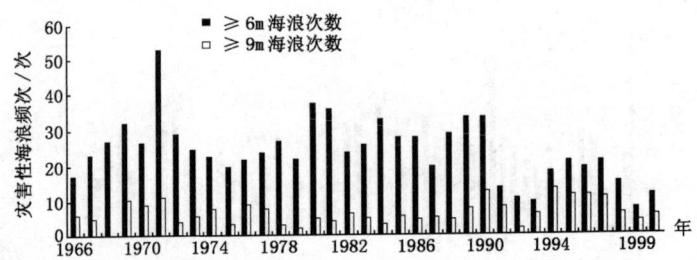

图 3.5 1966～1999 年中国近海波高≥6m 和≥9m 的风暴海浪频次分布图

海 冰

20 世纪海冰较严重年份为 1908、1915、1936、、1947、1953、1956、1957、1968、1969、1977 年。近 20 多年来,我国海冰灾害活动呈趋缓态势(图 3.6),其强弱交替规律与洪涝、台风、风暴潮、风暴海浪的变化特点,大体相反。

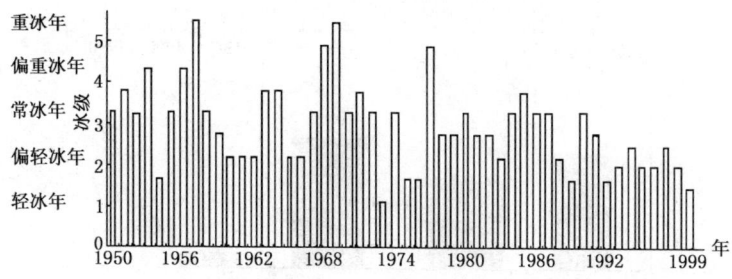

图 3.6　1950～1999 年辽东湾、渤海湾、莱州湾和黄海北部逐年冰级

地 震

大量历史地震资料表明,我国大陆地震活动时间分布不均,具有较明显的分期性。近 1000 年来,1011～1076 年、1290～1368 年、1480～1730 年、1815 年至今(国家地震局分析预报中心编 1990)为明显的地震活跃期。其中 1480～1730 年的地震活跃期,又包括 10 个地震活跃幕;1730 年以来,地震活动相对平静 85 年后,1815 年开始到现在是又一个地震活跃期,已出现了多个地震活跃幕,其中以邢台、唐山等地震频发的 1966～1978 年最强烈,可能为该期的高潮幕,其后还有地震活动较弱的 2 个地震活跃幕。

20 世纪均属于最新的地震活跃期,其间又出现较短尺度的强弱交替;活跃幕除 1966～1978 年外,还有 1902～1912 年、1920～

1934年、1945～1957年,1988年以后等活跃幕(图3.7)。对比分析发现,大体上说来,多数的地震活跃期与干旱时期相当。

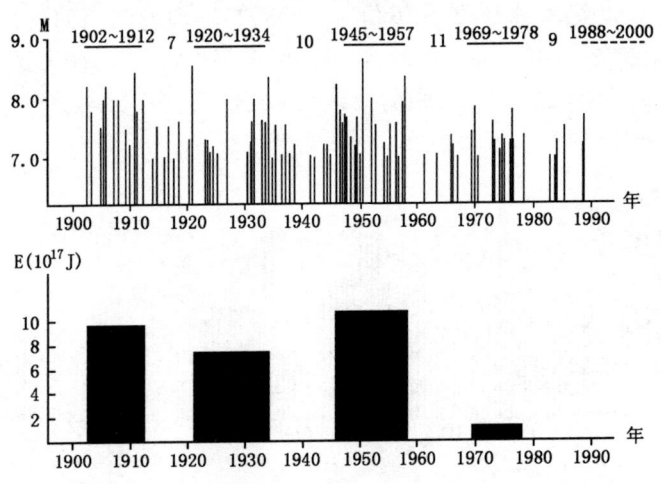

图 3.7　中国大陆及邻近区浅源大震 20 世纪地震活动 M-t 图和 E-t 图(据马宗晋等)

崩塌、滑坡、泥石流

近几十年来,崩塌、滑坡、泥石流灾害的活动,在波动中呈上升态势;其中,1954年前后、1963年前后、1980～1985年及20世纪90年代为高发期;对比分析发现,这些高潮期与洪涝灾害的严重时期基本相当。

主要自然灾害空间分布的地域性与方向性

自然灾害在我国的分布不是均衡的,有的地方多,有的地方少,自然灾害集中的地区称为灾害区,自然灾害集中的地带称为灾害带。大量调查工作发现,不同种类自然灾害的分布和自然灾害带的展布方向是很有规律的(马宗晋、高庆华等 2000 年)。

干　旱

我国干旱的分布有明显的地域性,有的地方发生频次高,有的地方发生频次低;其中,严重的干旱区有四处:一是黄淮海地区;二是浙、赣南部与两广北部地区;三是黄土高原地区;四是滇中地区(图 3.8)。

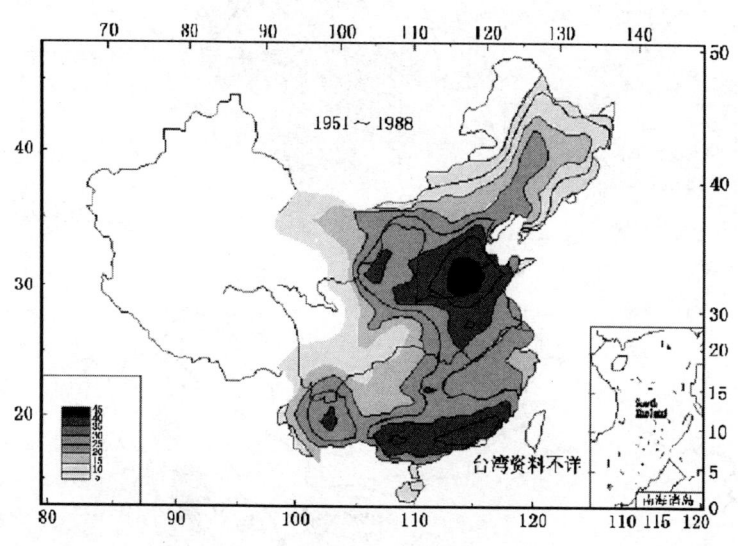

图 3.8　中国干旱等效频度图(1951~1988 年)

暴雨和洪涝

我国暴雨集中的地带主要有两条:一条为辽东半岛—山东半岛—东南沿海;另一条为大兴安岭—太行山—武陵山东麓。此外阴山、秦岭、南岭等山脉的南麓也是暴雨多发地区。

我国的洪水灾害主要发生在珠江、长江、淮河、黄河、海河、辽河及松花江中下游平原和四川、关中盆地等地区(图 3.9、图 3.10)

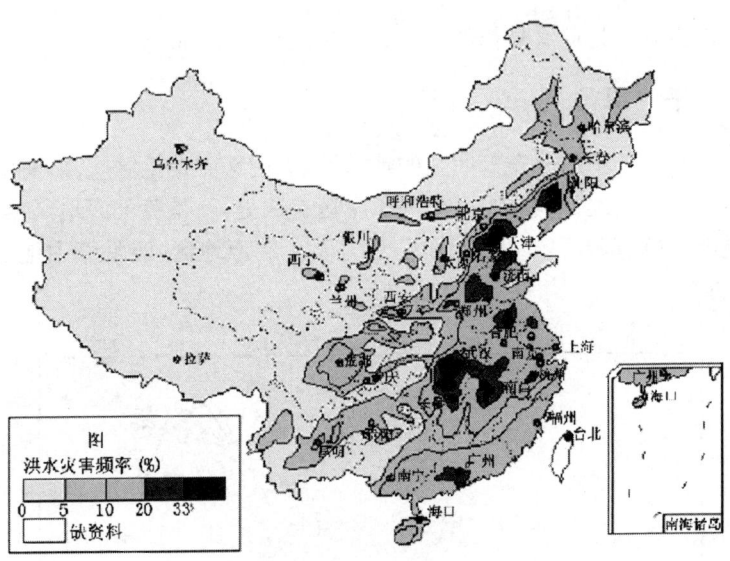

图 3.9　20 世纪前半期中国洪水等效频度图

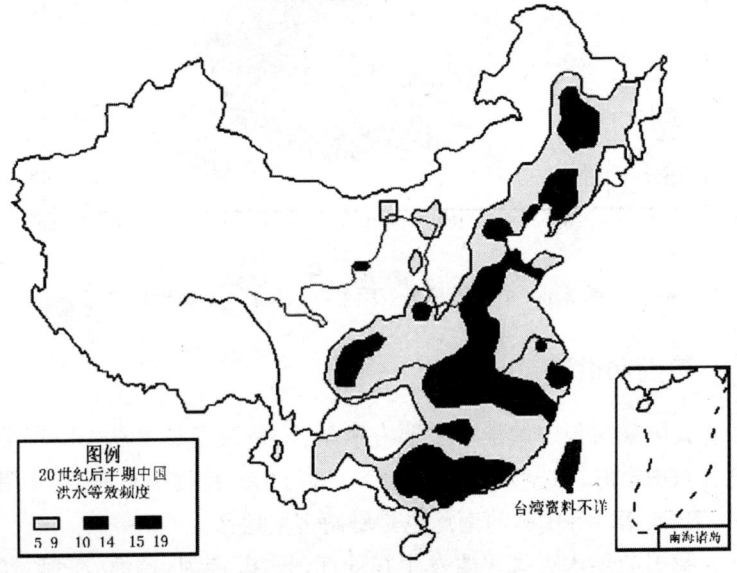

图 3.10　20 世纪后半期中国洪水突变程度分布图

在我国,涝渍灾害主要发生在东部的平原与盆地地区,如三江平原、嫩江平原、辽河平原、河套平原、关中平原、冀中平原、淮北平原、江汉平原、长江下游平原、珠江三角洲平原等。全国易涝面积达 2487km²,约占全国耕地面积的 30%(图 3.11)。

热带气旋

我国热带气旋的影响范围主要为太行山—伏牛山—武陵山—苗岭以东区域,且以东南沿海地区的广东、福建、浙江沿海最严重,江苏、广西沿海次之。同时,随着热带气旋路径的

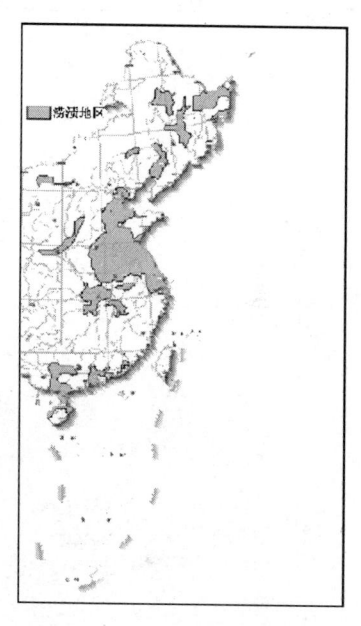

图 3.11 中国涝渍灾害地区
分布示意图(据李鸿业等)

变化,我国不同地区热带气旋发生的时间不完全一致:一般在 5 月份热带气旋首先影响广东、广西、海南、台湾;6 月份向北扩大到福建;7、8 月份再向北扩大到浙江、上海、江苏、山东、辽宁;而 9 月份开始,影响范围又回缩到上海以南;10 月份回缩到浙江以南;11 月份回缩到台湾、广东、海南;到 12 月份仅影响广东、海南。

侵入我国台风的优势路径主要有两条:一条通过巴士海峡、向西直扑广东南部、广西和海南岛;另一条通过台湾,逐渐转向西北,在闽、浙登陆,然后向北影响江苏、山东诸省,至渤海,再转向北东,进一步影响东北沿海地区甚至东北内陆(图 3.12)。

风暴潮

我国的风暴潮灾害广泛发生在辽东湾到北部湾广大沿海地

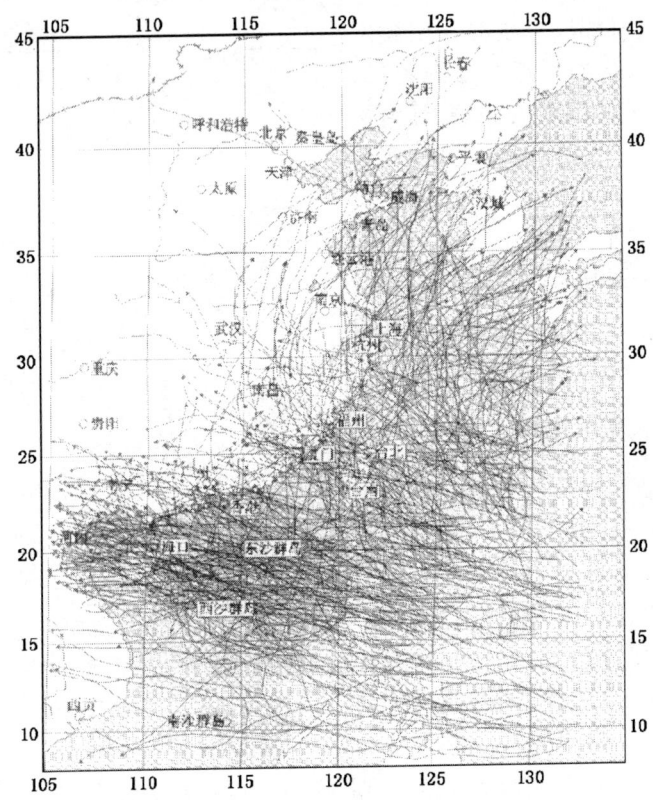

图 3.12 1950～1999 年入侵中国的台风路径图

区,但不同地区风暴潮类型和灾害强度不同:东海、南海沿海为台风风暴潮;渤海、黄海沿海除台风风暴潮外,温带风暴潮也比较强烈。从风暴潮的总体强度频度来看,渤海湾、莱州湾和江苏、上海、浙江、福建沿海地区的风暴潮最严重,山东、广东、海南沿海次之。

地 震

我国地震绝大多数为构造地震,基本上是循活动性断裂带分布,有一定的方向性,其优势方向在中国东部为北北东向,西部为

第三章 中国各类自然灾害的时空分布特点和相关性

北西向,中部为南北向和东西向。大约以东经105°和北纬35°这两条南北向构造带与东西向构造带为界,可将中国分为4个象限区域,各区域地震活动强弱不一:西南、西北地区地震最多,其次为华北地区,东南和东北地震最少(台湾除外)。

此外,一些地区地震活动密集,形成地震带。我国西部的主要地震带有近东西向的北天山地震带、南天山地震带、昆仑山地震带、喜马拉雅山地震带和北西向的阿尔泰地震带、祁连山地震带、鲜水河地震带、红河地震带等。中国东部最强烈的地震带为走向北北东的台湾地震带,向西依次还有东南沿海地震带、郯城、庐江地震带、河北平原地震带、汾渭地震带和东西向的燕山地震带、秦岭地震带等,它们均受活动性构造体系控制(图3.13)。

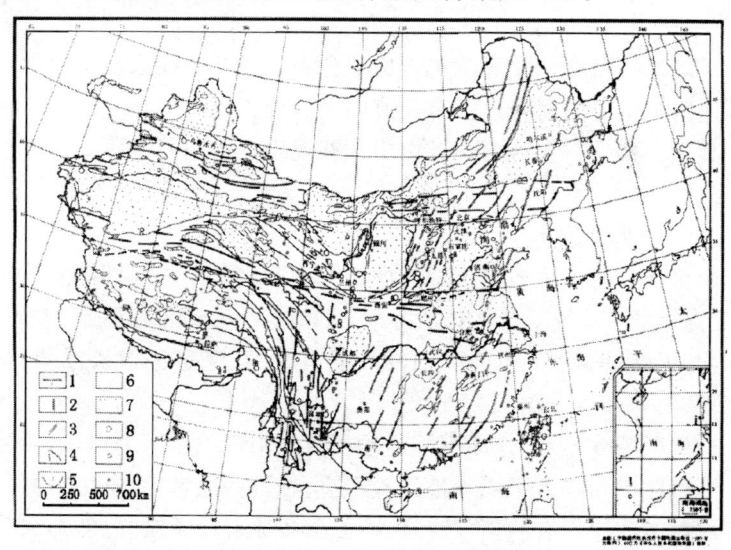

图 3.13 中国现今活动的构造体系略图(据陈庆宣等)
1—巨型纬向构造体系;2—经向构造体系;3—新华夏构造体系;4—歹字型构造体系;
5—山字型构造体系;6—基岩山区;7—沉积岩区;8—≥8级地震的震中;
9—7至7.9级地震的震中;10—6至6.9级地震的震中

由于我国地震活动广泛、频繁而又强烈，所以使大部分地区遭受地震威胁。根据1990年国家地震局编制的第三代中国地震烈度区划图，全国基本地震烈度达到Ⅶ度和Ⅶ度以上地区的面积占全国总面积的32.5%；位于Ⅶ度和Ⅶ度以上地区的城市占全国城市总数的46%，其中100万以上人口的大城市占70%。从受地震威胁的人口来看，在广阔的高烈度区内生活的人口已接近9亿。从基本地震烈度的地区分布看，以华北、东南沿海和台湾、甘肃、新疆、青海、西藏、四川、云南的一些地区的地震烈度最高，黑龙江、内蒙古、华中、华南地区地震烈度较低。

地质灾害

(1) 崩塌、滑坡、泥石流

崩塌、滑坡、泥石流灾害广泛分布在我国的高原、山地和丘陵地区；主要的发育地区有川滇山地、云贵高原、秦岭山地、黄土高原、燕山、太行山、长白山、祁连山、天山和青藏高原的一些地区。

(2) 地面沉降

目前我国发生地面沉降的城市大约60个，其中累计沉降量达2m以上的有上海、天津和台北等，沉降量1～2m的有西安、太原、苏州、无锡等，沉降量0.5～1.0m的有北京、保定、嘉兴、常州、衡水、阜阳等。

从区域分布看，地面沉降活动主要集中在我国东部地区，且尤以沿海城市和华北平原等地区最严重。在这些区域内，发生地面沉降的城市或地区有的孤立存在，有的密集成群或断续相连，形成广阔的地面沉降区(带)。概括起来，我国主要有以下6个地面沉降区(带)：

① 下辽河平原的沈阳—营口沉降区；

② 北部黄淮海平原的天津—沧州—衡水—德州—滨州—东营—潍坊沉降区；

③ 南部黄淮海平原的徐州—商丘—开封—郑州地面沉降区;

④ 长江三角洲平原的上海—苏州—无锡—常州—镇江—南通地面沉降区;

⑤ 汾渭河谷平原的太原—侯马—运城—西安地面沉降带;

⑥ 台湾山地边缘的宜兰—台北—台中—云林—嘉义—屏东地面沉降带。

(3) 地面塌陷

地面塌陷在我国分布非常广泛,主要有三种类型:

① 岩溶塌陷

我国岩溶塌陷灾害十分严重。据初步调查,全国有岩溶塌陷2840处,塌陷坑约33200个,塌陷总面积约330 km^2。这些塌陷广泛发育在除上海、宁夏、新疆等以外的24个省(市、自治区);其中以广西、湖南、贵州、广东、河北、江西、云南等省(市、自治区)最严重。从区域分布看,我国的岩溶塌陷主要分布在长白山—燕山—吕梁山—四川盆地—哀牢山一线以东区域;且该区域内又可划分为两大岩溶塌陷分布区:秦岭和淮河以北的北方岩溶塌陷分布区、秦岭和淮河以南的南方岩溶塌陷分布区。

② 采空塌陷

采空塌陷几乎在全国所有煤矿均有出现,其中以黑龙江、山西、安徽、江苏、山东等省最严重。据不完全统计,在全国20个省(市、区)内,现发生采空塌陷面积已超过1150 km^2。

③ 黄土塌陷

主要见于河北、青海、陕西、甘肃、宁夏、河南、山西、黑龙江等黄土分布区,塌陷面积仅河南省即达4.53 km^2。

(4) 地裂缝

据初步调查,我国近20个省(市、区)的300多个县(市)已发现地裂缝1000多处,累计长度700多千米。我国地裂缝类型复杂,除少数伴随地震、滑坡、冻融以及特殊土的胀缩或湿陷活动而产生的地裂缝外,多数是由构造蠕变活动产生的构造地裂缝。

我国构造蠕变地裂缝的分布十分广泛,在华北和长江中下游地区尤其发育。该区域内,地裂缝主要集中在汾渭盆地、太行山东麓平原、大别山东北麓平原地区,并形成了三个规模巨大的地裂缝密集带。此外,在豫东、苏北及鲁中南等地区,还有一些规模较小的地裂缝发育带(区)。

农作物生物灾害

我国农作物病害的区域分布特点是东部重于西部。同时,不同地区的主要病害种类不同:东北地区主要为玉米大小斑病,华北地区主要为小麦条锈病,长江流域主要为小麦赤霉病,华南主要为稻瘟病。

从北向南,主要农作物虫害分别是:东北和华北的粘虫,黄河、淮河和沿海滩涂的蝗虫,长江流域及其以南的稻螟,显示了纬向分带的特点。

中国自然灾害空间分布特点和分区

中国自然灾害空间分布特点

自然灾害的分布一方面取决于自然灾变的分布;另一方面也取决于人口、财产、资源等受灾体的分布。由于自然灾变和承灾体两者的分布都有明显的地带性,所以自然灾害的分布也有显著的分带性和方向性。

(1) 纬向分带性

降雨量的多少是洪涝灾害和干旱灾害发生的直接原因。总体看,我国降雨南多北少,受纬度分带性的控制明显,其中阴山、秦岭、南岭三大东西向山脉起了重要的分带作用。在这三大山脉之间和两侧,为地势相对低洼的平原和盆地——从北到南依次是内蒙古高原、东北平原;陕甘宁盆地、华北平原;四川盆地、长江中下游平原;华南平原与丘陵。在这些地势相对低洼地区,松花江、辽河、黄河、海河、长江、淮河、珠江等江河蜿蜒其中,是我国洪涝灾害最严重的地区。同时,这些地带地势比较平坦,人口密集,工农业发达,是水资源需求量最大的地区。由于降水年度和季节不均衡,所以又使这些地区成为我国旱灾最严重的地区。为了缓解旱情和满足日益增长的工农业用水需要,许多地区过量抽取地下水,致使渭河盆地、山西盆地、华北平原及长江下游平原等地区又发生了严重的地面沉降灾害和地裂缝灾害。不仅如此,这些地带也是土地盐渍化、土地沙化等灾害严重的地区。

在这三条纬向山脉的隆起地带,崩塌、滑坡、泥石流等山地地质灾害和暴雨、山洪、风雹、森林灾害及干旱和水土流失等灾害较严重。沿纬向构造带,活动断裂发育,因此,这些隆起带又是地震集中活动的地带。

(2) 近南北向分带性

我国东部发育了两条走向北北东的山岳带。第一条带包括长白山、辽东半岛山脉、山东半岛和东南沿海诸山脉;这一山带之东是我国热带气旋灾害和海洋灾害最严重的地区。另一条山带包括大兴安岭、太行山及武陵山、十万大山诸山脉;这一条山带是热带气旋和暴雨集中区的西界,该带之西不但不受热带气旋影响,而且除四川盆地、汉中盆地等局部地区有暴雨活动外,降水量明显减少,更向西至西藏—青海—陇西—内蒙古西部,降水量最少,是我国常年干旱区,再往西至新疆西部,降水量复又有所增加,在局部地带亦有洪涝灾害发生。

沿这两大隆起山岳带,崩塌、滑坡、泥石流、暴雨、山洪、风雹、干旱、森林灾害和水土流失等灾害严重。

在这两大北北东向山岳带的两侧为构造拗陷带,为由黄海、东海海域,东北平原—华北平原—江汉平原—北部湾,内蒙古巴音和硕盆地—陕、甘、宁盆地—四川盆地等构成的三条北北东向内陆或近海低洼地带。

这三条低洼地带,分别是海洋灾害,洪水、渍涝,地面沉降、地面塌陷,干旱,农作物生物灾害和土地沙化、盐碱化等灾害集中出现的地带。而在山岳与平原(或盆地、海洋)的交界处,地震及地质灾害又尤其发育。

我国自然灾害的分布除沿纬向和北北东向展布外,还有沿北西向、北东向延展的特点。而在不同展布特点的灾害带的交汇地区,如东北平原、华北平原、江汉平原、陕南—陇南地区、冀辽交界等地区,常是多灾集中地区。

中国自然灾害分区

根据中国自然灾害分布特点和区域组合规律,并结合蕴灾环境特点,对我国自然灾害进行了综合分区(图 3.14)(国家科委全国重大自然灾害综合研究组,1994,1998),结果如下。

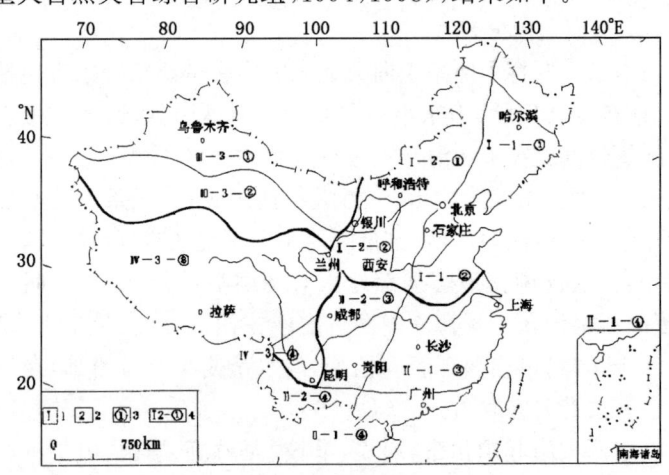

图 3.14 中国自然灾害蕴灾环境综合区划略图

(1) 一级灾害区

以南北向的贺兰山、龙门山和东西向的秦岭、昆仑山为界,将中国大陆分为 4 个一级灾害区:①华北、东北灾害区;②东南灾害

第三章 中国各类自然灾害的时空分布特点和相关性

区;③西北灾害区;④西南灾害区。

Ⅰ．华北、东北灾害区

该区年日照时数在 2400 小时以上,年平均气温除东北高纬度地区外,一般在 0°～14℃之间,年降水量大部分地区在 400～800mm 之间。该区受极地反气旋影响较大,也受热带气旋的一定影响;一些地区地壳活动比较强烈;松花江、辽河、滦河、海河、黄河、淮河为其主要水系;土壤以棕壤、黑土、黑钙土、褐土和黑护土及黄壤为主;人口和城镇稠密,经济发达。

该区主要的自然灾害是旱灾、暴雨、洪水、寒潮、冷冻害、雪灾、地震、地面沉降、海水入侵、土地盐碱化、温带风暴潮、海冰、赤潮及玉米、小麦、棉花等农作物病虫害,落叶松毛虫、油松毛虫、赤松毛虫等防护林病虫害,鼠害和森林火灾等。

Ⅱ．东南灾害区

该区年日照时数大都在 1400h 以下,年太阳总辐射量在 46.0548 亿 $J/(m^2 \cdot a)$ 以下,年平均气温 14～19℃,是我国 1 月份平均气温在 0℃以上的地区。该区年降水量 800～1200mm 以上,受副热带高压与热带气旋影响最大,秋末春初也受寒潮侵袭;除沿海边缘地区和台湾列岛外,地壳较稳定;长江和珠江为该区两大水系;土壤以红壤、砖红壤为特色,也有黄壤和黄棕壤;人口和城镇稠密,经济发达。

该区最主要的灾害为洪涝、暴雨、热带气旋、风暴潮、旱灾、水稻病虫害、山地地质灾害,其次是棉花、小麦、玉米等农作物病虫害、赤潮、地面塌陷和沿海边缘地带的地震,及山地丘陵地区的以马尾松毛虫、云南松毛虫为特征的用材林病虫害。

就气候条件而言,该区的西南边界应拓展至横断山脉地区,该地区是我国森林火灾最多的地区,也是我国山地地质灾害最发育的地区。

Ⅲ．西北灾害区

该区年日照时数大都在 2500h 以上,年平均降水量大部分地区在 200mm 以下,气温变化很大,主要受极地气旋控制,是我国最干旱的地区,为典型大陆性气候。该地区河流多属内陆水系;土壤以灰钙土、灰漠土和棕漠土为主;地壳活动不均衡,某些山区构造相当活动,而一些盆地区则较稳定。

该区最主要的灾害是干旱、地震、寒潮、冷冻害、雪灾、风雹、沙尘暴、水土流失、土地沙漠化,其次是崩塌、滑坡、泥石流、山洪、冻融、农作物病虫害。

Ⅳ. 西南灾害区

该区海拔平均在 4000m 以上,年降水量 50～600mm(总体比华北、东北区略少),大部分地区年平均气温在 0℃ 以下,为我国最寒冷的地区之一;唯喜马拉雅山南麓年平均气温在 16℃ 以上,年降水量一般在 1800mm 以上,属亚热带多雨区。该区河流分属太平洋水系和印度洋水系,山高坡陡,河流湍急;发育有常年冻土、冰川和常年积雪。同时,该区为我国地壳活动最强烈的地区。

该区最主要的自然灾害是冷冻害、雪灾、冻融、滑坡、泥石流、地震,其次是边缘地区的森林病虫害和农作物病虫害。

(2) 灾害带与二级灾害区

除了秦岭、昆仑山纬向分界线外,阴山、天山及南岭是两条重要的次一级的纬向分界线;除了贺兰山、龙门山经向分界线外,大兴安岭、太行山、武陵山及东南沿海山脉亦属两条重要的次一级经向分界线。据此从北到南可将我国分为:①阴山—天山以北,②阴山—天山与秦岭—昆仑山之间,③秦岭—昆仑山与南岭之间,④南岭以南等四个纬向灾害带;而由东至西又可将我国分为:①地貌第三阶梯,②地貌第二阶梯东部,③贺兰山—龙门山以西等三个经向灾害带。上述经纬两向灾害带相互交叉,将我国分为如下一些二级灾害区。

Ⅰ. 东北灾害区

以水灾、旱灾、农作物病虫害、低温冷冻灾害为主,其次为森林病虫害、森林火灾、鼠害、地震(部分地区为深源地震)。

第三章 中国各类自然灾害的时空分布特点和相关性

Ⅱ．黄淮海灾害区

以旱灾、洪涝、地震、农作物病虫害、干热风、地面沉降为主，其次为土地盐碱化、海水入侵、温带风暴潮、海冰、低温冷害。此外，该区还是我国最主要的蝗源地。

Ⅲ．蒙东灾害区

以雪灾、冻害、风灾、沙尘暴、森林病虫害和森林火灾为主，其次为土地沙化、地震。

Ⅳ．陕、甘、宁、晋灾害区

以干旱、地震为主，其次为农作物病虫害、洪涝、滑坡、土地沙化、水土流失。

Ⅴ．华中、华东灾害区

以洪涝、干旱、热带气旋、风暴潮、农作物病虫害为主，其次为滑坡、森林病虫害、地面沉降、赤潮和冷害。

Ⅵ．华南灾害区

主要灾害是热带气旋、风暴潮、洪涝、干旱、农作物病虫害，其次为地震、森林病虫害。

Ⅶ．云贵川灾害区

洪涝、干旱、地震、滑坡、泥石流、农作物病虫害、森林病虫害和森林火灾、雹灾、冷害均很严重的地区。

Ⅷ．北疆—阿拉善灾害区

以干旱、土地沙化、雪灾、地震为主，其次为滑坡、山洪、泥石流、农作物病虫害、森林病虫害。

Ⅸ．南疆—柴达木灾害区

为全国最干旱的地区，以地震、土地沙化、滑坡、雪灾、冻害为主。

Ⅹ．青藏高原灾害区

为全国最寒冷的地区，主要灾害为雪灾、冻害、冻融、滑坡、泥石流及地震。

Ⅺ．川滇灾害区

为我国滑坡、泥石流和森林火灾最严重的地区,同时地震、干旱、洪涝灾害、农作物及森林病虫害也相当严重。

XII. 喜马拉雅山南坡灾害区

主要灾害是暴雨和洪涝、滑坡、泥石流及地震。

除此之外,我国边缘的阿尔泰山、小兴安岭、台湾都是单独的二级灾害区;全国共分15个二级灾害区。

第四章

地球气圈、水圈、岩石圈自然变异的基本情况和相关性

第3章列举的事实,给了我们两点深刻的印象:第一,地球气候变化、海水运动、地壳活动等引起的自然变异,在历史演变中都表现为波浪状韵律活动,致使各类自然灾害活动具有不同尺度的周期性活动规律,如:20年左右、10年左右的周期等;第二,自然灾害在我国的分布是不均匀的,往往在某些地带相对集中而形成灾害带,且不同种类灾害的集中分布地带的伸展方向又常常十分相近,如:地震、暴雨、干旱就常常共同集中在一些走向近东西或近南北的地带中等。

前面我们已经说明,不同类型的自然灾害,分别是地球气圈、水圈、岩石圈、生物圈运动和变化的产物。那么,为什么不同圈层的自然变异,无论在活动时间上,还是在分布空间上都有着如此密切的相似性或一致性呢?这些现象显然反映了全球变化统一性的实质。

人们常常提到的、现代意义的自然灾害,只是记录了人类出现以来这一段短暂时期的地球各圈层异常变化的历史;然而早在人类出现之前,地球各个圈层的自然变异就已经

是地球长期演变过程中的重要组成部分。因此，若想比较深入地认识全球变化的规律，只研究近 10～100 年来人类活动导致的气候变暖、海平面上升、环境恶化等等是不够的；同样，只研究人类有了文字记录以来，或几百年到几千年来导致自然灾害发生的各种自然变异也是不够的，因为它们仍然只是全球变化历史长河中的一些小小片段。所以必须对地球形成以来各个地质历史时期、特别是第四纪（大约开始于 300 万年以前）以来的地球各个圈层的自然变异，如气候变化、海水运动、地壳活动、生物演化等，进行时段和时间尺度更长的研究，并与现今意义的自然灾害反映的自然变异规律加以对比，才能深入地认识全球变化的规律。

气候变化、海平面变化及地壳构造运动周期的一致性

气候变化

全球变暖以及由全球变暖引起的气候异常，已给人们留下了深刻的印象。全球变暖不是人类出现以后才有的现象。地球的演化史表明，在地球大气圈形成以后，它的温度就已发生频繁的冷暖变化，几亿年来的地球气候史就是以温暖时期与寒冷时期的交替出现为其基本特点的（张家诚等 1976，竺可桢 1973）；反映这种变化最显著的标志和证据就是各种时间尺度的冰期和间冰期气候的出现与交替（高庆华等 1996）。

据地质科学的研究，近 10 亿年以来，地球上至少出现过三次大冰期：第一次出现在 700Ma 前（震旦纪冰期）；第二次出现在 320～260Ma 前（石炭—二叠纪冰期）；第三次是 3Ma 开始的第四纪大冰期。三次大冰期彼此间隔约为 280Ma，而三次大的冷期及其相对应的暖期中，还都包含有一些尺度较短的周期性冷暖气候变化。下面我们剖析一下在我国发生的第四纪气候的变化，依此可

以清楚地认识全球气候变化的这一特点。

(1) 第四纪气候变化周期性

晚第三纪(距今约 2500 万年)全球气候炎热,平均气温高达 23～24℃,发育并堆积了大量的红土层。进入第四纪(距今约 300 万年)全球气候变冷,至少出现了六次冰期气候。

第一冰期,出现在 3.06Ma～3.30Ma 以前,在我国以昆仑山凉山冰期为代表,与凉山冰渍相当的还有华北的红崖冰期、西南的龙川冰期、西北的阿合布隆冰期及东南的涠洲风化期,它们可能与世界上的拜伯冰期相当。

第二冰期,出现在 2Ma～1.79Ma 以前,我国称狮子山冰缘期,可能相当于世界上的多瑙冰期。

第三冰期,出现在 1.2Ma～0.95Ma 以前,我国称鄱阳冰期,相当于世界上的贡兹冰期。

第四冰期,出现在 0.69Ma～0.56Ma 以前,我国称大姑冰期,相当于世界上的明德冰期。

第五冰期,出现在 0.30Ma～0.18Ma 前,我国称庐山冰期,相当于世界上的里斯冰期。

第六冰期,出现在 0.07Ma 前,我国称大理冰期,相当于世界上的玉木冰期。

以上六次冰期是地质学家、气候学家、地理学家经过多年的调查考证划分出来的。这六次冰期不仅使我国大片地方冰天雪地、气温降低,而且在世界其它地方也普遍存在,表明 300 万年以来地球上曾发生过六次全球性的气候变冷。

在冰期之间为温暖的间冰期气候。300 万年以来,地球上也曾发生过六次全球性的气候变暖。气候冷暖的波浪状变化就构成了第四纪气候变化的基本特点。正是在从第三纪到第四纪,气候由暖变冷的条件下,导致大片森林冻死,才迫使类人猿从树上生活转移到树下,并在与严酷的自然条件斗争中,学会了直立行走,学会了使用工具,从而完成了从猿到人的跨越式转变。

第四纪的六次冰期中,前五次冰期平均持续约 20 万年左右,最末的大理冰期只持续了 7 万年。假如最末的这次大理冰期的延续时间可能与以前各次冰期时间相近的话,可以说现代的气候宏观上,仍处于冰期气候中间的一个时间尺度较短的间冰期气候,若干年后气候仍将变冷。

冰期之间为间冰期。间冰期还可以进一步划分为尺度较小的相对的冷期和暖期。在气候温暖的时期,极地冰盖和高山冰川融化,从而使海平面发生全球性升高,出现大规模海侵。

在距今大约 70000 年的大理冰期,我国平均气温降至 5～6℃。距今 40000 年转入亚间冰期气候,平均气温回升至 11～12℃,华北发生沧县海侵。距今 30000～18000 年,为晚大理冰期盛冰期,平均气温只有 4～5℃,比现今低 7～8℃;多年冻土带移至北纬 34°20′～34°40′,沉积了马兰黄土,繁殖了山顶洞动物群和山顶洞人,出现了大量暗针叶林。此时我国发生了大规模的海退,海平面大约降低了 130m 以上。距今 18000～16000 年,气温曾一度转暖,我国华北、东北出现了温带针叶阔叶混交林,但从 16000 年开始气温再次变冷,直至距今 12000 年才开始变暖,进入全新世冰后期气候。

全新世时期我国气候多变,从上海、南京、镇江、天目山等地孢子花粉组合来看,冷暖气候曾变化十多次之多。南京、重庆等地黄土堆积中具有 5～6 层古土壤,也反映了冷暖气候的多次变化。而北半球全新世至少可划分出 5 个冷暖交替的气候期,其中最冷的时代大约在前 10300 年、7800 年、5300 年、2800 年、300 年前后,间隔约为 2500 年,每一冷期约持续 1000 年。我国的气温变化与此十分类似,古全新世气温较低;早全新世(前 9800～7900 年)气候较温暖潮湿,水域扩大,出现常绿落叶林,植物茂盛,形成了泥炭层,如东北普兰店泥炭层、福建莆田泥炭层等,此时海面迅速上升;中全新世(前 7900～2400 年)早期,我国气候干凉,前 7000 年转为温暖,前 7000～5800 年发生献县海进,前 5800～5000 年气温降低,前 5000～3500 年气候湿热,气温较现在约高 2℃,黄河流域发育有副热带动植物群,发生了沧东海侵,并有泥炭层沉积。世界上,前6000~4000年也为高温期,当时撒哈拉沙漠为大片草原;前3500~2400年气温再次下降,海面停止上升,湖面缩小,水生植物减少,堆积黄褐色砂质粘土。

概括起来说,古全新世~中全新世,全球气候经历了四次冷暖变化,较冷的时期为前12000~9800年、9800~7000年、7000~4900年、4900~2400年,每一期分别长2200年、2800年、2100年、2500年,平均2400年。

(2) 近代气候变化

晚全新世(前2400年~现今),为全新世第五个气候期,早期全球较温暖,500年前转向寒冷,其间又发生了几次时间尺度更短的周期性变化。据竺可桢、登坦等人资料,公元420~589年、960~1276年、1470~1520年、1650~1720年、1840~1890年及1945年之后为寒冷期,冷期延续时间约50~70年。

据何大章(1962年)统计资料,我国广东冻灾存在50~60年周期,主要冻灾期为1500~1550年、1615~1690年、1830~1895年。据张德二(1982年)对中国南部近500年的冬季温度变化研究成果,发现大约在公元1520年以前、1620~1720年、1810~1890年及1950年至现在等几个时间段为冷期。这些结论相互间大体是相吻合的,一致说明20世纪气候属于冰后期第五个气候期的寒冷期;在这期间又经历了由冷变暖(1900~1940年)、由暖变冷(1940~1970年)、由冷变暖(1970至现在)的波动变化。

从20世纪初到40年代,我国气温总的趋势是升高的,1900~1920年每年的平均气温在多年平均气温之下,到1920年以后回升到多年平均气温左右,20年代末至30年代初有一短期微弱降温,40年代达到20世纪最暖时期,最暖的五年平均气温高于多年平均气温0.5~1.0℃。40年代以后我国气温首先从东部地区和北部地区开始趋势性的下降,除1958~1962年有一短暂的回升外,至1970年基本是持续下降,我国东北、西北及华南地区下降了

0.4～0.8℃,华东和西南地区下降了 0.5～1.4℃。70 年代以来,我国气温明显升高,已进入一个气候温暖的时期。有人预测,由于温室效应的叠加,其升值将来可能高于 40 年代,这是否意味着 500 年的小冰期宣告结束尚不得而知。

综上所述,20 世纪初至 20 年代及 50 年代末至 70 年代中期我国为相对寒冷期,而 30 年代至 50 年代初及 70 年代中期以来为相对温暖期。

(3) 气候变化与自然灾害

气候的波动变化引起了不同的灾害。如流域型或跨流域型的特大洪水大多发生在偏温暖的时期。在 30～50 年代初的温暖期中,我国发生了近 500 年来最大的 1931 年和 1954 年大洪水,在 70 年代中期以来的温暖期中发生了 1991 年、1998 年特大洪水。而干旱则主要发生在寒冷期,如在 50 年代末至 70 年代中的气候寒冷期中,发生了 1959～1961 年特大旱灾,六七十年代比三四十年代降水量平均减少了 20%;而此时工农业用水量又大幅度上升,过量抽取地下水的结果,使天津、上海等地都出现了地面沉降等人为自然灾害。

气候寒冷期是寒潮、冷害、低温、海冰等自然灾害严重发生的时期。1908 年、1915 年、1957 年、1966 年、1968 年、1969 年的渤海海冰都出现在寒冷期;其中 1968～1969 年的冰情最为严重,1969 年 2、3 月间整个渤海几乎全部为海冰所覆盖,冰厚达数十公分至一公尺,阻碍了船舶航行,破坏了石油钻井平台。60 年代末至 70 年代中期我国大陆低温冷害严重,1969 年东北大部分地区自 5 月中旬至 8 月下旬气温持续偏低,其中 5、6 两月平均气温一般偏低 1～2℃,局部偏低 2～3℃,部分地区 6 月的平均气温出现多年最低值;从积温来看,约较常年偏少 300℃,有的地方偏少 400℃以上;长期的低温,使作物生长缓慢,贪青晚熟,最后因霜冻提前,粮食、豆类大幅度减产,豆类减产达 50 亿 kg 以上;之后,1972 年又出现了更严重的低温冷害,减产达 63 亿 kg;1969 年、1970 年我国南方也出现了严重的倒春寒,烂秧率超过 30%,

第四章　地球气圈、水圈、岩石圈自然变异的基本情况和相关性 · 61

仅 1970 年广西地区就烂种达 0.5 亿 kg 以上；1971 年长江中下游和华南大部分地区出现寒露风天气，江西一些地区日平均气温降至 15～16℃，不少地区晚稻空壳率达 30%～50%，甚至 70%；寒潮在牧区也造成了严重的灾害，1966 年 2～4 月新疆北部连降大雪，形成白灾，使全疆冻、饿死牲畜 900 万头（只）以上；寒潮袭来，气温骤降，容易诱发感冒、气管炎、冠心病、肺心病、哮喘、心肌梗塞、心绞痛、偏头痛、病毒性肝炎、高血压等病。

气候温暖期除了容易发生洪涝灾害外，高温热浪、干热风也是时常出现的灾害。70 年代中期以后，随着气温的增高，这一类灾害日趋严重；1978 年和 1988 年是解放以来出现的两次最严重的大范围高温天气，给工农业生产和人民生活带来很大影响；1988 年 7 月高温天气持续了 20 多天，闽、浙、赣、湘、鄂、豫、苏、沪、皖、川东、黔东、陕南、粤、桂等地区日最高气温普遍达 35～39℃，淮河及长江中下游不少地区的气温高达 39～40℃，甚至超过 41℃；高温使早稻逼熟，降低干粒重而减产，使棉花因水份供需失调而萎蔫落铃；高温天气使火灾增多，1987 年大兴安岭特大森林火灾即发生在气候温暖期；由于高温使病人增多，仅南京、上海、南昌就有 300 人中暑死亡。赤潮和农作物生物灾害也有所增加。

在上述 30 年左右的气候周期中，还可以划分出尺度更短的周期，从图 4.1 的曲线分析中，可以看出 1902～1910 年、1924～1934 年、1945～1949 年、1965～1975 年为温度变化的波谷段；1911～1923 年、1935～1944 年、1950～1964 年、1976 年至今为温度变化的波峰段。

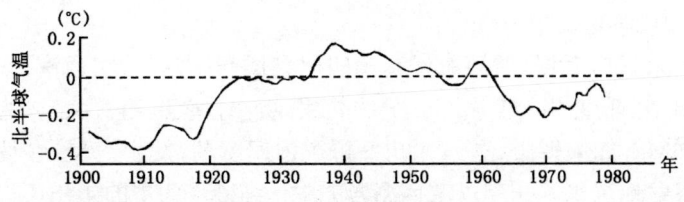

图 4.1　本世纪北半球气温变化曲线图（据任振球）

海平面变化

常言道"沧海桑田",海洋自生成以来,它们的深浅和范围就一直不停地变化着,几亿年的海洋运动史就是以海侵和海退或海平面上升和下降交替进行为特点的(高庆华等1996,李四光1928)。

与气候变化对应,我国在地质历史上曾经历了前震旦纪、寒武纪、泥盆纪、三叠纪开始的大海侵和震旦纪末、志留纪末、二叠纪末、白垩纪末开始的大海退。中间又各包含了若干不同尺度的海水进退周期。而且,海水进退不是孤立发生的现象,它的变化往往和地球岩石圈、气圈、生物圈的变化同步进行着。

大量的对比研究发现:

△ 每一次海退之后往往发生强烈的构造运动;

△ 每一次海退过程往往伴随着强烈的岩浆活动;

△ 每一次海退过程往往是气候由暖变冷的过程;

△ 每一次海水进退都引起生物界一次重大的飞跃式变化;

△ 每一次海水进退时期往往都对应一次地球磁场变化。

近年来,新兴起的地球灾变说揭示的重要灾变事件发生于前寒武纪—寒武纪、晚泥盆世—早石炭世、二叠纪—三叠纪、白垩纪—早第三纪之间,也就是说在从海退至第二次海进之间是灾变严重时期。这一规律启示我们,自然灾害集中出现的时期与海水进退转换时期相关。第四纪古人类出现以来,我国至少发生了9次海侵(图4.2)。

(1) 第四纪海侵

① 早更新世海侵

永乐店海侵(渭河海侵):第四纪气候开始较冷,在西南、华北等地出现龙川(红崖)冰期的沉积物,称龙川组。大约距今3.06Ma,气候转暖,进入龙川—狮子山间冰期,发生海侵,在渭河河谷盆地沉积了一套以杂色泥岩夹中—细砂岩为主的永乐店群海相地层。

第四章 地球气圈、水圈、岩石圈自然变异的基本情况和相关性

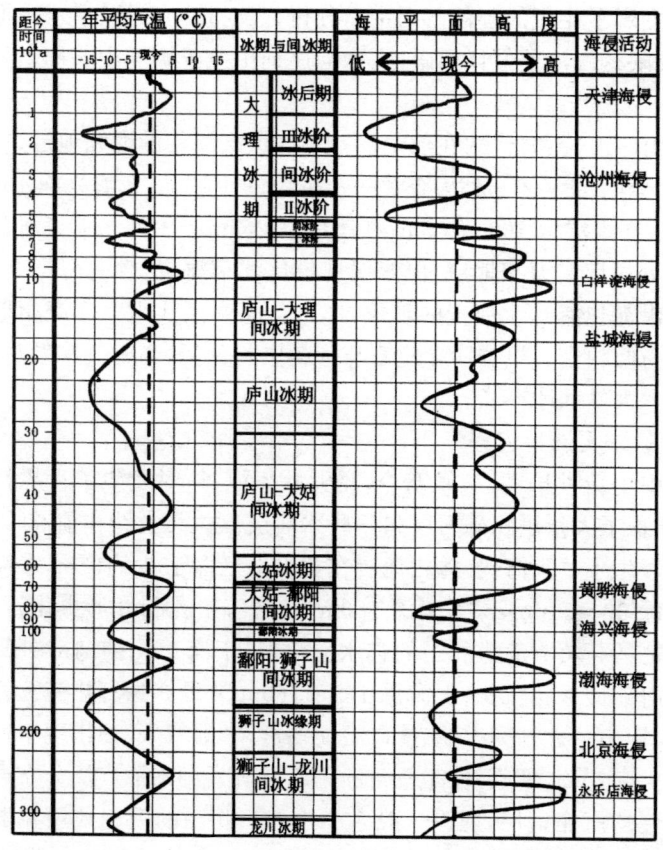

图4.2 中国东部沿海第四纪气候演化及海平面升降变化图

北京海侵：又称黄海海侵，约在前253～243万年间。这次海侵的海相地层见于北京延庆、怀柔、顺义及河北蔚县、阳原等地。与北京海侵相当的有山西运城海侵、长江三角洲镇江海侵，并在天津静海、下辽河皆发生了与北京海侵相当的海侵。

渤海海侵：发生于前179万年～161万年间。渤海海侵的沉积层以黄骅东部270～290m深处灰绿色砂质粘土海相沉积层为代表；在河北西部怀来、蔚县、山西运城、苏北平原和上海、下辽河等

地也发现了相应的层位。据孢粉分析,当时植物以榆、椴、松、桦为主,反映这次海侵气候温暖,在冰期序列中位于狮子山—鄱阳间冰期中。

海兴海侵:时代约在前 100 万年。这次海侵的海相地层,在河北黄骅深 185~215m,为杏黄—灰黄色砂质粘土;在海兴深 160~190m;在天津深 200~225m;在唐山深 265m。另外在下辽河及上海均见相应的海相地层,但海侵规模比北京海侵、渤海海侵要小。南方沿海也有这次海侵的现象,广东与海南湛江组上部海相地层可能与此相当。根据所含化石与孢粉资料分析,当时气候温暖,属鄱阳—大姑间冰期。

② 中更新世海侵

中更新世早期,气候寒冷,属大姑冰期,这时发生了世界性海退,堆积了大量洪积砾石层和一些冰渍层。之后,大约在前 60 万年开始发生了黄骅海侵。海相地层在黄骅地区深 130~167m,在海兴兴济深 90~110m,滦河南深 180m,皆含有虫孔和介形虫化石;下辽河地区与黄骅海进相当的称水源海侵,于深 100~161m 处见海相与海陆交互相沉积;上海深 133~160m 地段亦见海陆交互相沉积,属庐山—大姑间冰期。周口店动物群与"北京人"便出现于这一时期。这时苏北平原、长江三角洲平原及杭嘉湖平原广泛分布着这次海侵的海相地层,埋深一般 80~145m;相当的海相地层在浙江瓯江口分布在高 45m 的堆积阶地上,福建、广东也都有这期海相地层。

③ 晚更新世海侵

以庐山冰期(约 30 万年前)为晚更新世下界,这一时期发生了 3~4 次海侵。

盐城海侵:距今约 20 万年。所形成的海相地层在江苏盐城深 77~78m,天津深 88~95.7m,海兴与黄骅深 100m。这一次海侵影响范围较小。

白洋淀海侵:其时代为前 11~7 万年。这次海侵所形成的海相地层,在白洋淀深 63～68m,在兴济深 46～52m,在黄骅深 44～64m,在海兴深 44～57m,在盐城深 47～49m,在浙江北部深 46～57m,在上海深 105m。这次海侵规模较大,在华北海水自东向西侵入达文安县城西,北达玉田、脊各庄,最高海岸位于赤土村、淘河村、文安、王镇店、大村、高川镇、望村一线。现代海滨的南排河,当时水深 10～20m,沉积有 10～30m 海相地层。据孢粉资料,当时气候比现在温暖、潮湿,属大理—庐山间冰期,是丁村文化繁荣的时期。距今 7000 年发生海退,退至现代海面 50m 等深线附近。白洋淀海侵在下辽河地区称先锋海侵。这时苏北海岸线西进到灌云—涟水—宝应—高邮—扬中一线,长江口退到仪征,在上海深 105m 处见相当的海相地层。南部沿海陆丰组中也见有海相地层。在沿海隆起区也普遍留下了海蚀阶地,杭州以北一般高 10～15m,以南高 20～25m,南升北降的局面仍很清楚。白洋淀海侵不仅是我国第四纪最大的海侵,而且是全球性的,当时各大海域都发生了海侵,海面高度比现在高 5～7m,最高高 10m。之后发生海退,黄海退到现代海面以下 70 余米,大陆架上广泛分布残留砂,黄海底部水深 76m 处有泥炭层。

沧州海侵:早大理冰期发生了海退,我国大陆架都见有陆相堆积,之后发生沧州海侵(距今 2.3～4 万年)。这次海侵范围较大,向西可达献县,海面比现在高 5m。所形成的海相地层厚 20m,在沧州地区一般埋深 20～36m,苏州埋深 22～25m,滦南埋深 42～64m、下辽河地区埋深达 70m、上海埋深 25～35m、浙江埋深 25～40m。该海相地层中所含的孢粉组合说明这次海侵时期气候温暖,与现今相似。这一次海侵最高海岸线在赤土村、张坨村、陵城、小李庄、孙清屯、王寺村一线,在高湾至南排河水深约 20～30m。山东莱州湾一带的博兴、桓台海相地层也广泛分布,广饶水深达 30m。上海为最大一次海侵,海水深入苏南溧阳、丹阳。

距今 23000 年发生海退,海岸线退至现今海面下约 130m 深处。这时黄海、渤海及东海大陆架基本变为陆地,华北平原扩大,低地变为湖泊。距今 18000～15000 年间,最低海面在－130m,北黄海底部－50m 见泥炭层(^{14}C 年龄为 12400 年),东海 14780±700 年海岸线位于水深 155m 处,海岸线在长江口外 600km。前 12400 年海岸线移至水深 110m 处,沉积了贝壳堤。前 11000 年海面上升到现在海水 60m 处,以后在水深 20～25m 处有短暂停留。华南最低海面为－100m,形成华南风化壳(相当大理冰期)。

④ 全新世海侵

大理冰期之后,我国气候转暖,于距今 12350 年进入全新世。全新世早期,气温相对较低,海面比较稳定。大约在 7000 年前,气温升高(比现在约高 2℃),在我国普遍发生了海侵,称天津海侵。海侵从现在水下－130m 开始,海面不断上升,极盛时海岸的位置达到天津宝坻、黄骅、文安、广饶一带,距今海岸线 30～50km,最远 100～150km,海面高于现今海面 6～8m,海相地层一般埋深 3～20m。下辽河地区也普遍发生海侵,称纯化镇海侵或盘山海侵,海面高于现今海面 10m。

全新世时期,在我国北方岩岸海侵时普遍留下了 3～5m 的阶地,在辽东湾兴城形成了宽 300m 的海蚀平原,山东烟台芝罘岛见 2～3m 高的红色海滩砾石和 3～5m 的阶地。

天津海侵可分为两期:在河北平原东部,早期称献县海侵(距今 7000～5800 年);晚期称沧东海侵(距今 5000～3500 年),其间海水一度退缩,距今 3500 年形成葛庄贝壳堤,之后海水间断退却,留下白沙岭—岐口贝壳堤(距今 2000～1500 年)、蛏头沽贝壳堤(距今 600～500 年)。

莱州湾全新世最大的海侵发生在距今 6000 年左右,称羊口海侵,当时海面高出现今海面约 2m,该古海岸线大体沿现今 5m 等高线延伸,距今 4000～3000 年海面降低到 0m,300 年以来波动退却。

海州湾距今 9000～6000 年为海侵期,海侵极盛期为前 6500 年(相当献县海侵),与渤海西岸基本一致,海岸线约在青口—郑园一带。之后,距今5800～5000年海退;距今2500～1000年海水再度升高,达里沙—头垞—夫庙一带,砂堤高出现今地面1～2m;距今1000年发生海退。

苏北距今10000年发生海侵,海岸线达到连云港、泗洪、洪泽湖、西岬、仪征至常熟一线。

杭嘉湖地区距今15000年,海面降低到-150～-160m,之后海面回升;根据^{14}C资料分析,距今14440年海面回升到-115m;距今14000年回升到-100m;距今12000年回升到-50～-60m;距今8000年回升到-5m;距今6000～5000年达到最高海面,与现今相同。

福建距今12000～9500年海水侵入,海面上升到-30m;距今8000～7000年海面波动;距今6000～5000年海面快速上升,于前4000～3000年达到高峰,最高海面高于现今海面3～5m,使福州盆地变为海湾;距今2500年发生海退,距今1500年退至现今海岸的位置。福建南部的高海面大约出现在距今3100年,高于现今海面2～3m,使许多半岛、陆连岛沦为孤岛,漳州、漳浦、云霄、诏安等盆地变为海湾。

海南岛距今11000～8000年,海面上升至-15m,沉积了海湾相淤泥层;距今8000～5000年海面上升至5m,形成了许多珊瑚堤;距今5000～3000年海面略有下降,但最近1000年来,海面有微小上升。

(2) 20世纪海平面变化与自然灾害

进入20世纪海平面呈波浪状上升的态势(图4.3)。

海平面上升、海水入侵是一种巨大灾害,可引起土地盐渍化,使饮用水变咸,影响河流排污,引起内涝甚至洪水,更严重的是淹没大批良田和盐田、城市和乡村。近些年由于温室效应的影响,许多科学家认为世界将面临海平面上升的威胁,美国已花费数千亿美元以防御海平面上升的侵袭,英国已把海拔17m作为临界高度,在此标高以下禁止建设重要的工业设施。

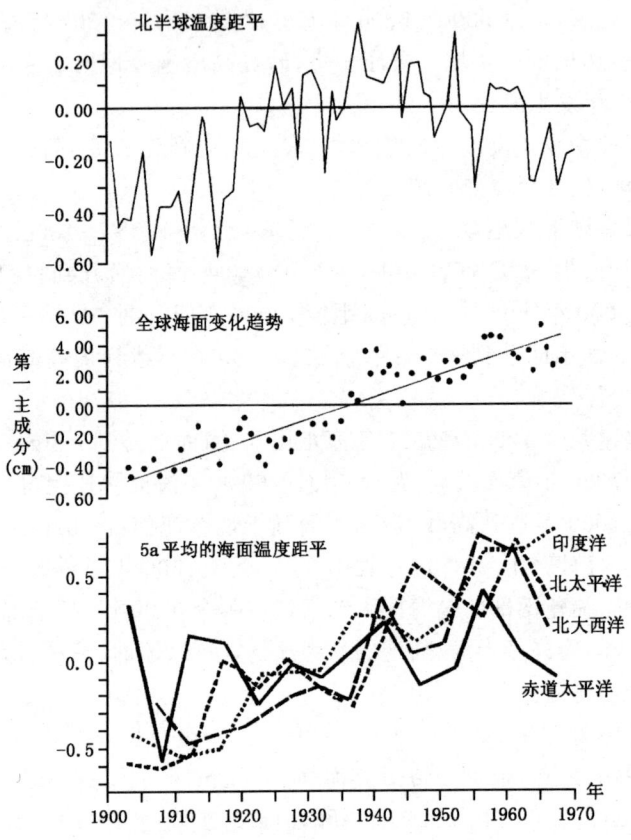

图 4.3 1900~1970年间气候、海平面与海洋表层
水温变化的时间序列(Barnett,1983)

近百年来,我国沿海地区出现海岸侵蚀活动。渤海西岸昌黎县薄河庄百年海水侵进约500m,陡河入海处的涧河口和汉沽大神堂、蛏头沽一带,海水大约以 15~20m/年的速度向陆地推进。

此外,最近几十年来大连、营口、秦皇岛、厦门、汕头、海口、北海、榆林都发生了海水或地下咸水自地下含水层或含水带向陆地扩侵、破坏地下水资源的现象,其中最严重的是在山东沿海,特别是莱州湾。山东沿海自20世纪70年代开始至1990年海水入侵面积已达431.2km², 咸水入侵面积299.5km², 共730.7km²。海水入侵的速度逐年增加,如莱州市,1976~1979年海水入侵面积仅有15.8km², 年平均入侵速度46m;1980~1982年,海水入侵面积达到23.4km², 年平均入侵速度92m;1983~1984年,海水入侵速度达177m/a;1984~1987年海水入侵速度达345m/a;1987~1988年,入侵速度达404.5m/a,比开始入侵时速度快了8倍。十余年来莱州湾海水入侵面积达到238.2km², 占全市平原的80%以上,地下水水位低于平均海平面的负值区达到251.7km², 导致了严重的灾害,污染了地下水,使土壤结构变差,土地盐渍化,生态环境恶化,工农业产值下降,人民疾病增多。

地壳构造运动

(1) 中国的地壳构造运动

骤然看来,大地是坚实而稳定的;实际不然,地壳自形成之日起就不停地活动着。地壳运动是以激烈和缓和两种状态交替出现为特色的;激烈的地壳运动泛称造山运动,此时强大的动力使地壳发生剧烈的起伏,形成大型褶皱和巨大的断裂,并伴有大量岩浆侵入和火山喷发以及气候剧变。造山运动时期,由于地理环境和生态环境的改变,给当时的生物界带来巨大的灾难,甚至使许多种群消亡。这段时期可以称为地质历史上的"灾期"。

作者曾对我国大陆的造山运动进行了系统的研究(高庆华等1996)。结果表明,从25亿年前的太古宙起,我国至少经历了阜平运动、五台运动、吕梁运动、晋宁运动、祁连(加里东)运动、天山(海西)运动、印支运动、燕山运动和喜马拉雅运动等9次巨大的造山运动;而且它们像从大陆的腹地发起的冲击波一样,从华北分别向东南和西南方向发展,使造山运动激烈的地带愈晚愈向我国大陆东南边缘和西南边缘推进(图4.4),致使从中生代到现在,我国东南沿海、台湾诸岛和西藏地区成为构造运动最为激烈、火山活动和地热活动最为强烈、地震活动最多的地区。

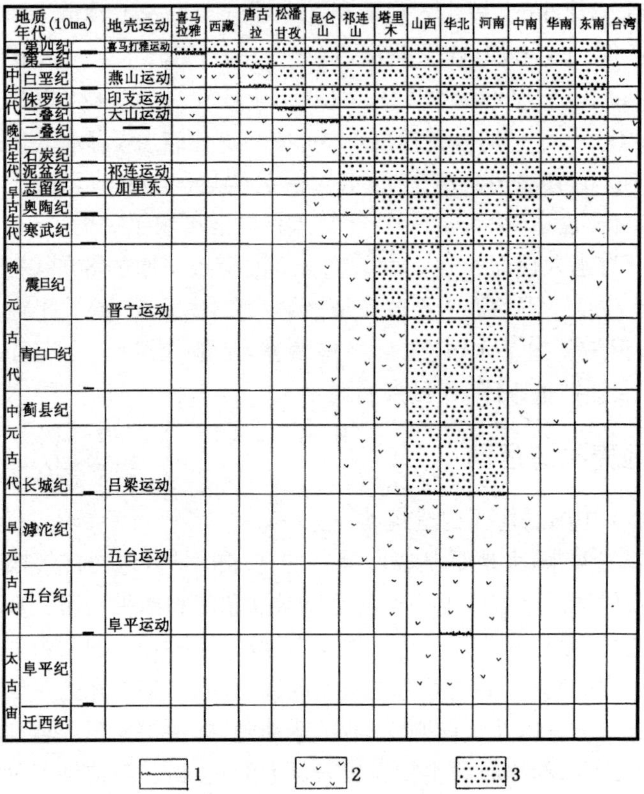

图 4.4 中国大陆构造不整合时空迁移示意图
1—主要运动形成的不整合；2—变质基底；3—沉积盖层

(2) 地壳运动与气候变化、海水进退、生物演化的关系

地壳运动不仅是岩石圈的运动，而且在岩石圈变动的同时，水圈、气圈、生物圈都同步骤地发生了一系列重大自然变异。如加里东运动、海西运动、印支运动恰与中国大陆第一、第二、第三次海水大规模进退时期相对应；印支运动之后，海水几乎全部退

出中国大陆。类似的规律,国外也有人提及,美国人 J·D·穆迪及 Damon 所做的图（图 4.5）正反映了这一观点,该图显示造山运动的极盛时期,不仅使地热活动达到高潮,而且也与海退极盛时期相当。

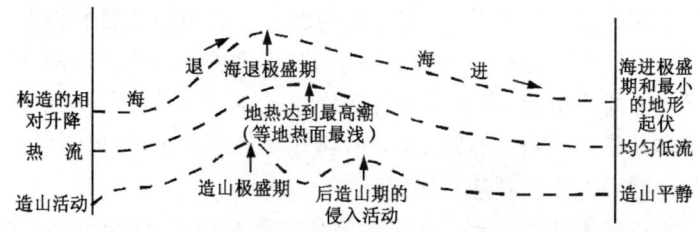

图 4.5 海水进退与造山运动关系图(据 J·D·穆迪)

再如,地质历史上气候变冷的时期——震旦纪末、奥陶纪—志留纪间、石炭纪—二叠纪间、三叠纪—侏罗纪间、白垩纪—第三纪间以及第四纪,恰好是地壳运动比较激烈的时期,即分别相当于元古宙末的晋宁运动、加里东运动、海西运动、印支运动、燕山运动和喜马拉雅运动的时期。气候变化与海水进退规程也有一定的相关性,一般气候变冷期与海退时期相当,气候变暖时期与海进时期相当。

另外,古生物的发展与造山运动及海水进退规程有关。在地质历史上,每一次大规模的海水进退都引起生物界一次重大的跃进。如寒武纪第一次大海进,出现了大量的三叶虫和笔石；泥盆纪开始的第二次大海进,出现了蕨类植物、鱼类和两栖类,这时蜓类、珊瑚、腕足类等空前繁荣起来；第三次大海进后,中生代为裸子植物与爬行动物时期,这时蜓类、四射珊瑚完全绝灭,腕足类大为衰减,而软体动物则进一步发展,在海洋中菊石类特别发育；新生代开始,亦为一个气候炎热的海侵期,这时被子植物代替了裸子植物,爬行类大量衰亡,哺乳动物开始繁盛,这时菊石消亡,瓣鳃类和腹足类更为繁盛,有孔虫、六射珊瑚和海胆类也更为发育。

在上述生物界的演化过程中,包含着四次大的由量变到质变的飞跃,每一次飞跃总是和海水进退相依存,也和地壳运动及气候的冷热变化相吻合。

我们知道,生物的进化是与自然环境分不开的,而自然环境的变化则与地壳运动有关,其中海水的运动起着相当重要的作用。例如,在志留纪之后,广泛的海退发生,迫使鱼类逐渐转向两栖类;二叠纪之后海水退走,由于气候的变化和水体干涸,又促使两栖类向爬行类演化;中生代的造山运动引起气候急剧变化,使形体巨大的冷血动物恐龙不能适应而灭绝。

博布诺夫认为,"地表大陆的海侵广泛阶段往往是生物界均一性显著的时期,而海退阶段则是生物界的分区现象显著的时期"。这话是有一定道理的。事实上,在漫长的海侵时期是生物逐渐发展的时期,而在海退之后地壳运动激烈时期则是生物飞跃发展或灭绝的时期。

中生代以来的地壳运动、海水进退、气候变化、生物进化之间的关系更为明显(图4.6)。

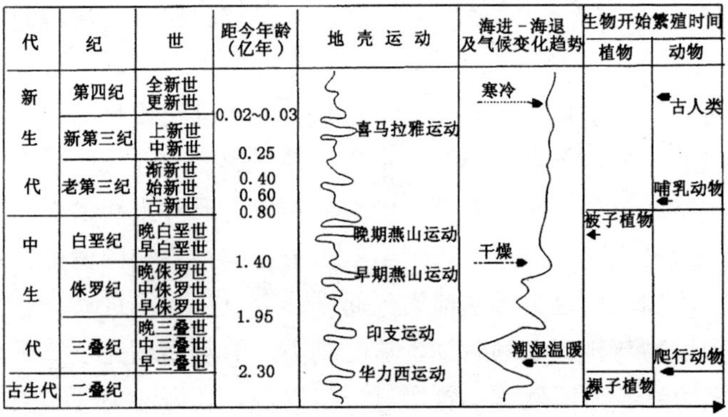

代	纪	世	距今年龄（亿年）	地壳运动	海进-海退及气候变化趋势	生物开始繁殖时间	
						植物	动物
新生代	第四纪	全新世 更新世	0.02~0.03		寒冷		古人类
	新第三纪	上新世 中新世	0.25	喜马拉雅运动			
	老第三纪	渐新世 始新世 古新世	0.40 0.60 0.80			被子植物	哺乳动物
中生代	白垩纪	晚白垩世 早白垩世	1.40	晚期燕山运动 早期燕山运动	干燥		
	侏罗纪	晚侏罗世 中侏罗世 早侏罗世	1.95	印支运动			
	三叠纪	晚三叠世 早三叠世	2.30	华力西运动	潮湿温暖	裸子植物	爬行动物
古生代	二叠纪						

图4.6 中生代以来中国主要地壳运动时期
与海水进退及气候变化趋势

除此之外,古地磁生物学家们曾多次指出,古地磁的正常极性与反常极性带和生物的出现与灭亡时期一致。据研究，晚古生代以反向极性为主；中生代以正向极性为主；新生代处于交替状态。更具体划分，中寒武世—中奥陶世、泥盆纪—早石炭世、早三叠世、早白垩世、第三纪为正向极性期，这几个时期与我国的海侵时期相当。而处于负向极性期的晚奥陶世—志留纪、晚石炭世—二叠纪、中生代末期则与我国海退时期相当，同时也是气候变冷的时期。从图 4.7 可以看出磁场的变化和海水进退、气温及生物的进化关系是十分密切的，当然与地壳运动的关系也是十分密切的。

综上所述，自然灾害的韵律性是由地球各个圈层运动变化的周期性或准周期性所决定的，地壳运动、海水进退、气候变化、生物进化，不仅都呈现多种周期性波浪状发展的态势，而且彼此之间还存在着密切的"伴生"关系，也就是说受着全球变化整体规律的制约。

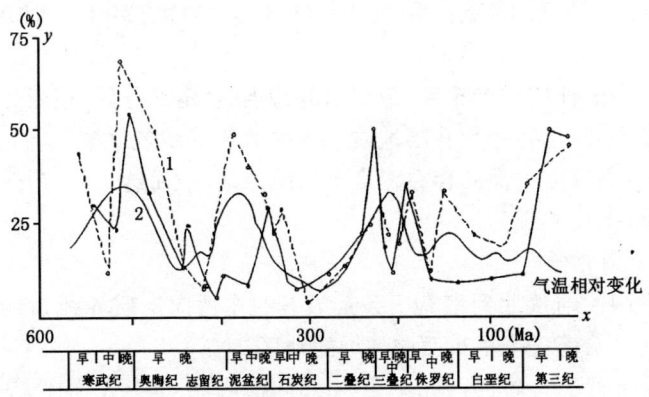

图 4.7 地磁场反转与生物界进化及气温变化之间的关系图
(据 F.L.Sinclair 等资料改编)

1—反转频率指数(964)；2—生物消失指数(1127)，x 轴表示时间(单位 Ma)，y 轴表示混合测量的百分数和消失的动植物科的百分数

地球诸圈层自然变异空间格局的相似性

中国蕴灾地质构造环境、地貌环境、气候环境空间格局的相近性

自然灾害的空间分布是受蕴灾环境控制的,蕴灾环境是由全球变化产生的,因此蕴灾环境的特点和规律也在一定程度上反映了全球变化的规律。

(1) 地质构造轮廓

中国大陆位于世界上最强大的环太平洋构造带与欧亚构造带之间,具有漫长的地质历史,历经多次运动,形成了现今的地质构造轮廓;不但成为地质、地震灾害发生的基础背景条件,而且控制了地貌、土壤的分布,还作为下垫面制约了气象要素的变化,从而又对生物生态区系起了重要的控制作用,成为气象、海洋、生物灾害分布的控制因素。

中国的地质构造轮廓,最突出的特点是"南北分区,东西分带,交叉成网"。尽管目前我国地质学界中活跃着许多学派,他们的立论、观点在许多方面尚存在程度不同的分歧,然而这一特点却是有目共睹、形成共识的。

① 南北分区

中国大陆从北到南有三条最显著的东西向地质界线,将我国分为北、中、南三个呈东西向伸展的地区。

最北面的一条,为天山—阴山纬向构造带,也有人称作天山晚古生代板块俯冲带—阴山图们晚古生带俯冲带。该带之北为准噶尔盆地和松辽盆地,是在古生代地槽褶皱系基础上发展起来的中、新生代地层沉积区。

中间的一条,为昆仑—秦岭纬向构造带,也有人称作昆仑山晚古生代板块俯冲带—秦岭板块俯冲带。它与天山—阴山纬向构造带

第四章 地球气圈、水圈、岩石圈自然变异的基本情况和相关性

之间为塔里木中朝地块,实际为一条以太古代变质岩为基底的沉降带,形成巨厚的元古代地层,少量的寒武—奥陶纪海相地层,还发育有晚古生代陆相与海陆交互相地层及盆地型中、新生代厚层堆积物。主要的沉积盆地有塔里木盆地、陕甘宁盆地、华北平原等。

南面的一条,在西部称为雅鲁藏布江—印度河新生代板块缝合线,在东部称为南岭纬向构造带。其北面,与昆仑—秦岭纬向构造带之间,东部为扬子地块,为一被盆地型中新生代沉积物和古生代海相地层所掩盖的以元古代变质岩为基底的地块,西部则为由中新生代巨厚沉积物组成的地槽褶皱系。该带的南面则通常称为印度板块或印度地块。

② 东西分带

中国大陆有3条显著的北北东至近南北向地质界线,将我国大陆从东到西分为走向近南北的若干地带。其中最巨大的一条为走向南北的贺兰山—川滇构造带,也有人称之为川滇裂谷或银川—昆明深断裂带,其东为地质历史悠久的地台区,其西为活动最强的地槽区。

贺兰山—川滇构造带的东面有两条显著的北北东向构造隆起带。西面的一条包括大兴安岭、太行山及武陵山和粤、桂边境诸山脉,即新华夏第二隆起带,它与贺兰山—川滇构造带之间为由呼伦贝尔—巴音和硕、陕甘宁、四川等由中新生代沉积盆地组成的沉降带;东面的一条隆起带为长白山—辽东半岛、山东半岛—东南沿海诸山脉组成的构造隆起带,即新华夏第一隆起带,相当长乐—诏安及丽水—南丰板块俯冲带以及依兰—伊通、郯城—庐江深断裂的部位,该带以西为由东北平原、华北平原、江汉平原和北部湾构成的沉降带,以东则为由黄海、东海、南海组成的近海盆地。

贺兰山—川滇构造带以西,被走向北东的阿尔金山分割为东西两部,阿尔金山与川滇带之间,大部分为中生代以来剧烈下沉后又强烈褶皱的隆起区,阿尔金山以西则为长期下沉区。

③ 交叉成网

南北分区、东西分带纵横交错的结果,使中国构成了具有显著

特征的经纬交错的网状构造格局。其中最具分界性特征的构造是东西向的秦岭—昆仑构造带和南北向的贺兰山—川滇构造带,它们把中国大陆分割为4个特点不同的区域。

东北区:即华北地台区,基底最老,但新生代以来活动强烈。地层以深变质岩、古生代碎屑岩、碳酸盐岩和中、新生代碎屑岩为主。

东南区:即扬子地台区,相对而言为现代最稳定的地区。地层以浅变质岩、碳酸盐岩和中、新生代碎屑岩为主。

西北区:即塔里木地块与柴达木地块区,为具有古老基底而中新生代活动强烈的地区。尤其是盆地边缘,运动的强度大于华北。地层主要是古生代火山碎屑岩、碳酸盐岩和中新生代碎屑岩。

西南区:为我国最活动的地槽区。地层以中新生代火山碎屑岩为主。

每一个区域又被次级的构造分割为若干小区。

除了走向近东西和南北的构造外,北东与北西向构造,尤其是断裂,也十分发育,它们交织在一起,使我国的地质构造形成了十分复杂的构造格网。这些对区域性或局地性灾害的分布,起着重要的控制作用。

(2) 地貌轮廓

我国介于北纬 3°~53°、东经 73°~135°之间,大陆面积 960 万 km^2,其中大约 33% 为山地,26% 为高原,10% 为丘陵,19% 为盆地,12% 为平原。山川纵横,地貌多样。地貌总体轮廓有如下三方面显著的特征和规律(见图 4.8)。

① 三大阶梯

中国大陆,西为世界最高的青藏高原,东濒全球最大的海洋——太平洋,地势从西向东依次降低,形成了三个显著的阶梯。

第一阶梯,即青藏高原,为最高的一级阶梯,平均海拔在 4000m 以上。其北界为昆仑山,东界为横断山脉。高原上山岭宽谷并列,冰川湖泊众多。

第二阶梯,位于第一阶梯以东与大兴安岭—太行山—武陵山

第四章 地球气圈、水圈、岩石圈自然变异的基本情况和相关性 · 77

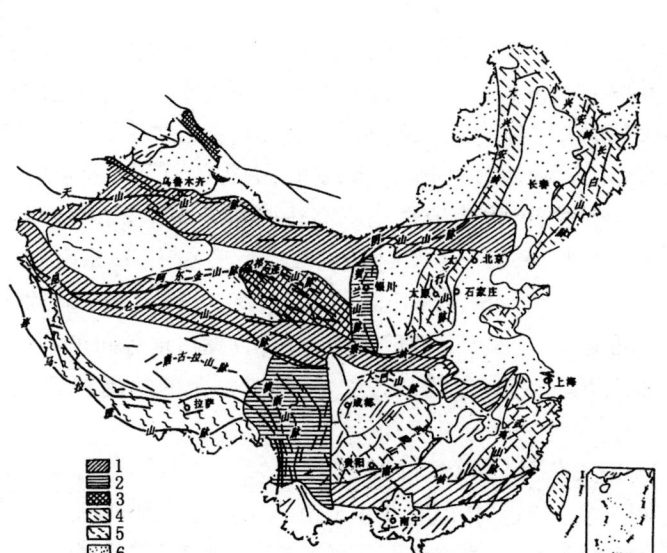

图 4.8 中国山系略图
1—东西向山脉 2—南北向山脉 3—北西向山脉
4—北东及北北东向山脉 5—喜马拉雅山脉 6—盆地和平原

一线以西的地带。大体又分为两部分：

东部包括内蒙古东部高原、黄土高原、四川盆地和云贵高原，为一宽约 600km、长 4000km 的北北东向狭长地带，海拔平均 1000～2000m。秦岭以北，地势波浪起伏，黄土沟壑发育，切割深度有的达 500m；秦岭以南山岭崎岖，河川纵横，地貌类型复杂。介于第一、第二两个阶梯之间的地带，地形陡峭，河流深切，岷山、大雪山、沙鲁里山、云岭、高黎贡山与大渡河、雅砻江、金沙江、澜沧江、怒江与山系相间，相对切割深度多在 500～1000m 以上，边坡坡度在 30°～60°，甚至达 70°～80°。

第二阶梯的西部位于第一阶梯之北，包括塔里木盆地、准噶尔盆地和内蒙古高原的西部，除天山等山脉外，一般海拔在 2000m 以下，地势较平坦，沙漠戈壁广布，多内陆河流与湖泊。

第三阶梯,在大兴安岭—太行山—武陵山一线以东至海滨,是平均海拔 1000m 以下的丘陵和 200m 以下的平原。这一狭长地带的主体是地势平缓的东北平原、华北平原、长江中下游平原及若干山间盆地。该阶梯的西侧为大兴安岭、太行山、巫山、武陵山等,海拔一般在 1000m 左右,有些山峰高达 2000m 以上,切割深度一般数十米至百米。平原带的东侧为张广才岭、长白山、辽东半岛丘陵、山东半岛丘陵和东南沿海丘陵,海拔一般 500~1000m,个别山峰达 1500m 以上,一般属浅切割型。在东南沿海,地势向东急速降至海平面以下,一些地方切割较深,并形成复杂的峡岬和突兀的岛屿。

② 三条东西向界山

我国的山脉走向,以北北东至南北向及近东西向者为主。前者大部分分布在东、中西大地形阶梯的边缘,后者则往往成为我国地理区域的纬向分界山脉。其中规模最大的界山有以下三条:

阴山山脉:是内流水系与外流水系的分界线之一,也是蒙古高原的南部边界。其东延部分为辽河与滦河的分水岭,亦即东北平原与华北平原的分界线。其向西延伸,为天山山脉,它是我国内陆水系与北冰洋水系的分水岭。

秦岭山脉:为长江与黄河两大水系的分水岭。其向西延,为昆仑山脉,它是我国内陆水系与印度洋水系的分水岭。

南岭山脉:为长江与珠江两大水系的分水岭。由南岭西延,至云南境内被走向南北的横断山脉所截断,太平洋水系与印度洋水系的分水岭似为走向近东西的唐古拉山脉。喜马拉雅山脉走向东西,为青藏高原的南缘,是雅鲁藏布江与恒河的分水岭。

③ 河川定向展布

综上所述不难看出,地貌轮廓是受地质构造所控制的。大量的工作实践证实,河川的展布不是漫无规律的,往往主河道方向大体反映了主构造的方向;支河道的方向,反映了次要的或级别较低的构造方向;沟谷反映了断裂方向。从统计观点来看,我国

第四章 地球气圈、水圈、岩石圈自然变异的基本情况和相关性 · 79

河流的主要方向为近东西向，次为近南北向，再次为东北向和北西向。

(3) 气候类型和生物分布

众所周知，决定气候类型和生物（此处主要指植被）地理分布的主要因素是热量和水分。在地球表面热量主要随纬度的变化而变化，而水分则随距海洋远近及大气环流和洋流特点而变化。水、热结合的综合效应，导致我国的气候类型、植被类型等的地理分布从南到北、从海洋向内陆方向呈带状发生有规律的更替。前者可称为纬度地带性，后者可称为经度地带性。此外，随着海拔高度的增加，气候类型和植被类型等分布也作有规律的变化，出现按等高线分带的特点，称垂直地带性。

① 东部地区

大体为大兴安岭—贺兰山—龙门山—横断山一线以东区域，约占全国陆地总面积的46%。本区为季风区，其主要特点是，季风影响显著，风向、降水随季节更替明显，太阳总辐射量约在 58.6152 亿 $J/(m^2 \cdot a)$ 以下，年降水量在400mm以上，年平均气温除东北地区外，一般在8℃以上。除西南边缘外，河流皆属太平洋水系，年径流深度秦岭以北在25mm以上，秦岭以南年降水量在600mm以上，湿润程度较高，利于乔木和农作物生长。天然植被以森林为主，我国现有森林的96.8%集中在这一地区。该区又是麦、稻、玉米、高粱、棉花、油菜、花生、豆类、薯类和水果的主要产区。

随纬度的差异和距离海洋的远近，中国大陆东部地区的气候和生物分布状况尚存在很大差异，有明显的纬向和经向变化。

Ⅰ. 纬向变化和纬向分区

从北向南明显地分为4个亚区：

东北亚区：位于阴山以北。由于纬度偏北和受极地冷气流的影响，是我国最寒冷的地方之一，年平均气温在8℃以下，极端最低气温为－60℃，齐齐哈尔以北的地区，年平均气温在0℃以下。东南季风可直扫区内，大部分地区年降水量在100～800mm之间，具有湿润气候的特征。土壤以山地泰加林土、山地灰棕壤土、黑土、草甸土、沼泽土为主。

该区周围群山环绕,有大片森林。北部大兴安岭主要为寒温带针叶林,在小兴安岭和长白山区为温带针阔叶混交林。中部为广阔的东北平原,为一年一季的春小麦和玉米、大豆、高粱等粮食作物种植区。

华北地区:介于阴山与秦岭之间,位于高空西北风带南部,地面的高、低气压天气系统活动频繁,环流的季节性变化非常明显,表现出典型的暖温带大陆性季风气候特征。该区域太阳总辐射量大于 50.2416 亿 $J/(m^2 \cdot a)$,年平均气温 8~12℃,年降水量一般在 600~800mm 之间,年径流深度 100~200mm,在山麓地带常有日降水量超过 50mm 的暴雨。土壤主要为褐土、沼泽土、盐土、绵土。

该区兼具南北过渡类型的特点。农作物以冬小麦、玉米、谷、豆、薯、棉花为主,而且是苹果、梨、桃等温带果木的主要产地。

华中、华东及西南亚区:介于秦岭与南岭之间,位于副热带高压带范围内,年平均气温 12~20℃,年降水量一般在 800~1600mm 之间,气候湿润,年径流深度一般为 200~1000mm。该区自然植被以亚热带常绿阔叶林为主,农作物一年两熟,甚至一年三熟,是我国水稻、甘蔗、茶的主要产区,另产小麦、花生、薯类、棉花等,并盛产亚热带水果。

华南亚区:位于南岭之南,包括台湾、云南南部,属高温多雨的热带、亚热带季风气候,年平均气温在 20℃以上,降水量一般 1400~2000mm,许多地区大于 2000mm。年径流深度一般在 1000mm 以上,在台风季节常形成暴雨过程。土壤主要为红壤、砖红壤。天然植被除雨林外,有橡胶树、椰子、咖啡、油棕等经济林。农作物以双季稻、三季稻为主。

Ⅱ. 经向变化和经向分带

大致以大兴安岭—太行山—武陵山为界,可分东、西两个亚带。

东亚带:包括东北、华北、华东与华中、华南,即相当于地形第三阶梯的范围。这一带最大的特征是受季风影响较大,为热带气旋主要影响区,气候湿润,多暴雨,气温较高。大兴安岭、太行山、武陵山都是显著的气温变化梯度带;该带以东地区的年平均气温比西部地区高 2~4℃,这些山脉以东地区的平均降水量也比西部高 200mm 左右。

自然植被从北到南以针阔叶混交林、落叶阔叶林与长绿阔叶林为主。是小麦、大豆、高粱、玉米、花生、水稻、油菜、薯类的主要产区。

西亚带:包括黄土高原、云贵高原,即相当于地形第二阶梯东部的范围。这一带的特点,北部受夏季风的影响较小,主要受蒙古—西伯利亚反气旋的强烈影响,气温明显偏低,降水量明显减少。自然植被以旱生密丛禾草为主,构成草原带。农作物以土豆、谷、麦、玉米为主。南部受印度西南季风影响较大,降水量较多,而气温比东亚带偏低。地形崎岖,气候垂直分带现象比较明显,旱作物比东亚带偏多。

② 西部地区

大兴安岭—贺兰山—龙门山—横断山一线以西区域,约占我国陆地面积的 54%。西部地区的气候以大陆性气候为主,受季风影响微弱,干旱少雨,不利乔木生长,为无林的旱生性草原和荒漠分布区。该区域太阳总辐射量约为 58.6152 亿 $J/(m^2 \cdot a)$ 以上,年降水量在 400mm 以下,年平均气温因地形高低悬殊而差别很大。除西藏南部边缘和新疆北部边缘外,大部为内流区。昆仑山以北除天山和新疆西部边缘外,降水量大都在 25mm 以下,昆仑山以南则大都在 25~400mm 之间。

根据纬度的不同和距海洋的远近,该区也有纬向与经向变化。

Ⅰ.纬向变化与纬向分区

大体以天山和昆仑山为界,分为 3 个亚区。

内蒙古—准噶尔亚区:位于天山—阴山以北,冬季风影响大,夏季风不易到达,冬季严寒而漫长,夏季温暖而短暂,降水少、变率大,风沙多。属温带干旱区。主要土壤从东到西为黑土、棕钙土、灰棕漠土。自然植被除天山有阔叶、针叶混交林外,多为草原和荒漠带。

塔里木—柴达木亚区:位于天山与昆仑山之间,该区深居内陆,周围山岭环绕,是我国大陆性气候最典型的地区。冬季气温变化剧烈,日温差很大,属暖温带极端干旱区。降水量多在 100mm 以下,有些地区不足 50mm。河流属内陆水系,多咸水湖泊。主要土壤为黑钙土、灰漠土、沼泽土、盐土、风沙土。该区大部分为荒漠、半荒漠,局部为草原。

青藏高原亚区:位于昆仑山以南,海拔高,日照充足,太阳辐射总量多在 66.9888 亿 $J/(m^2 \cdot a)$ 以上。但该区气温低,2/3 的地区年平均气温在 0℃以下,降水量多为 100~600mm,属高寒半干旱区。冰川与冻土发育。主要土壤为高山草原土、高山草甸土、高山寒漠土。植被以山地草原为主。农作物以青稞为主。

Ⅱ.经向变化和经向分区

经向变化在西部地区也较明显。

在内蒙古—准噶尔亚区,一条较为明显的界线大约在东经 105°左右,其东部年降水量在 100mm 以上,属半干旱草原地带;其西部年降水量在 100mm 以下,为干旱荒漠、半荒漠地带。

在塔里木—柴达木亚区,一条较明显的界线大约在东经 96°左右,其东部年降水量在 100mm 以上,属干旱半干旱草原地带;其西部年降水量在 100mm 以下,甚至不足 50mm,属极端干旱荒漠区。

在青藏高原亚区,既有水平变化也有垂直变化。一条较为明显的界线大约通过拉萨—玉树一带,其东部降水量在 600mm 以上,其西部降水量在 600mm 以下。东部除高原灌丛草甸带外,尚有寒温带针叶林带,西部则为高寒草原带和高寒荒漠带。

除了水平变化和分带外,高大山系气候、生物的垂直分带现象亦很显著。大体来说,从低向高,这些山系的局地气候和植被有与我国东部从南向北类同的垂直变化趋势。

(4) 社会经济背景

由于自然地理条件和气候生态条件的差异和历史的原因,我国社会经济发展的程度是很不均匀的。大体说来,以秦岭为界,南方显著高于北方;以贺兰山—横断山为界,东部明显高于西部;平原区高于山区。

① 人口

我国人口最集中的地区在贺兰山—龙门山以东,其次是西部昆仑山以北地区。

② 农作物

水稻是我国最主要的农作物,主要分布在我国东部年平均气温14℃以上的28个省(市、区)的1200余个县。大体以秦岭为界,南方水稻多而集中,约占全国的94%;北方水稻少而分散,仅占6%(近年随着耕作技术改进有所增加)。

小麦的适应性强,在全国均有分布,但总体来说主要集中于年平均气温8~16℃区域内,即阴山—太行山—秦岭—龙门山一线东南、南岭以北的黄淮海平原和长江中下游地区。

玉米的适应性更强,大体在年平均气温2℃以上、14℃以下,年降水量在1200mm以下,海拔2000m以下的地区都有玉米生长。

棉花主要分布在阴山以南、南岭以北、贺兰山—龙门山以东的地区。这个区域年平均气温10~17℃,年降水量600~1200mm。

③ 森林

主要分布在年降水量400mm以上的东部地区。由于人类长期采伐和破坏,残存的森林主要在东北及西南山区和一些丘陵地带。

④ 人工建筑物和其他财产

其分布与人口分布基本一致。

全球诸圈层运动方向的相似性

根据前面的论述，不难看出各种蕴灾环境均有纬向分布和经向分布及纬向变化与经向变化的特点。这些特点也决定了我国自然灾害的分布与分区也有类似的空间配置格局与变化。至此我们不免要问，究竟全球作何种方式的变化，才能形成这种纬向、经向变化的格局呢？这显然涉及到了全球变化的动力来源和作用方向问题。对于这一问题，目前还存在有不同的见解，客观说仍然是悬而未决、正在进行研究的问题；有人认为主要动力来源是地幔对流，有人认为主要动力来源是板块碰撞，还有人认为来自太阳影响、行星撞击……总之意见颇多，究竟如何，还是先看事实吧。

(1) 大气运动

大气圈是地球的最外层，它的上限从理论上说应该是地球的引力与离心力相互抵消的界面；在此界面之外，物质将脱离地球的羁绊，飞入星际；这个界面是一个封闭的椭球面。大气圈可以分为几层，最内一层叫对流层，它在两极约为 8～10km 厚，中纬度约为 12km 厚，赤道附近为 16～18km 厚。由于在不同的纬度上大气受热程度不同，在发生对流时，因地球的自转，就构成了一幅复杂的气流运行图；概括地说，在赤道至南北纬度 30°之间和南北纬度 65°以上地区，都盛行偏东气流，分别称为"低纬度东风带"和"极地东风带"，其中"低纬度东风带"影响的面积最大。在南北纬度 30°～65°之间盛行西风气流，称为"中纬度西风带"。

近赤道地区附近，常出现巨大的旋卷气流——台风。台风旋转的方向在赤道以北与在赤道以南恰好相反，盛行风向组成的气旋在北半球作顺时针方向旋转；南半球作反时针方向旋转 (图 4.9)。

(2) 海洋运动

第四章 地球气圈、水圈、岩石圈自然变异的基本情况和相关性

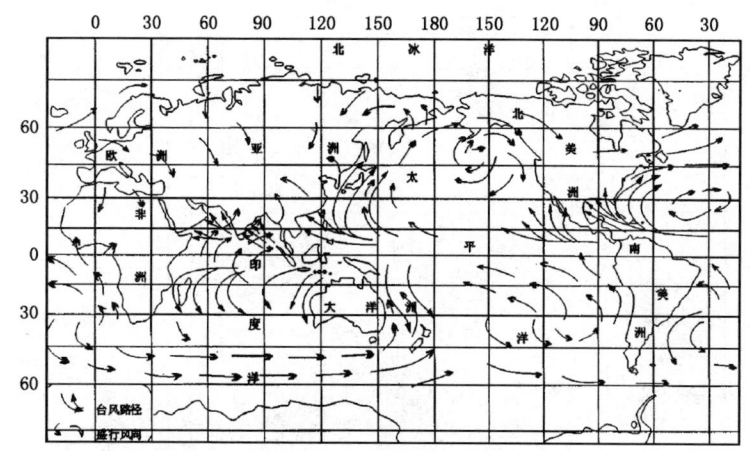

图 4.9 世界台风路径与七月盛行风向示意图

在现代各大洋中,有许多洋流(图 4.10)。太平洋的水体,从中美洲西缘开始,大致沿赤道向西流动,至西伊利安岛以东,分为南北两支:北支,循亚洲东岸向北流动,在日本以东转向东流,然后在加利福尼亚以西又转向南流,大致构成一个椭圆形;南支,循澳大利亚东岸南流,至新西兰转向东流,再平行南美西岸北流,也构成一个椭圆形。值得注意的是,北太平洋洋流的流动方向恰与南太平洋相反,前者为顺时针方向,后者为反时针方向。类似的情况在大西洋和印度洋亦可见到,在这两个大洋中,也分别形成了南北两个环形洋流,北面一个作顺时针方向流动,南面一个作反时针方向流动。如果把这些对称的洋流视作由水体中差异运动所引起的,则意味着赤道部分的海水有一股向西去的洋流,越靠近赤道流速越快,这一现象与地球低纬度自东向西的纬向惯性力越来越大的规律是完全一致的。

(3)岩石圈的运动

地球岩石圈主要地质构造带展布的突出特点是其方向与地球坐标系有着密切的关系,主要方向呈东西、南北、北东和北西向。基于这一显著的现象,许多地质学家均将地质构造的形成机制与地球自转联系起来。

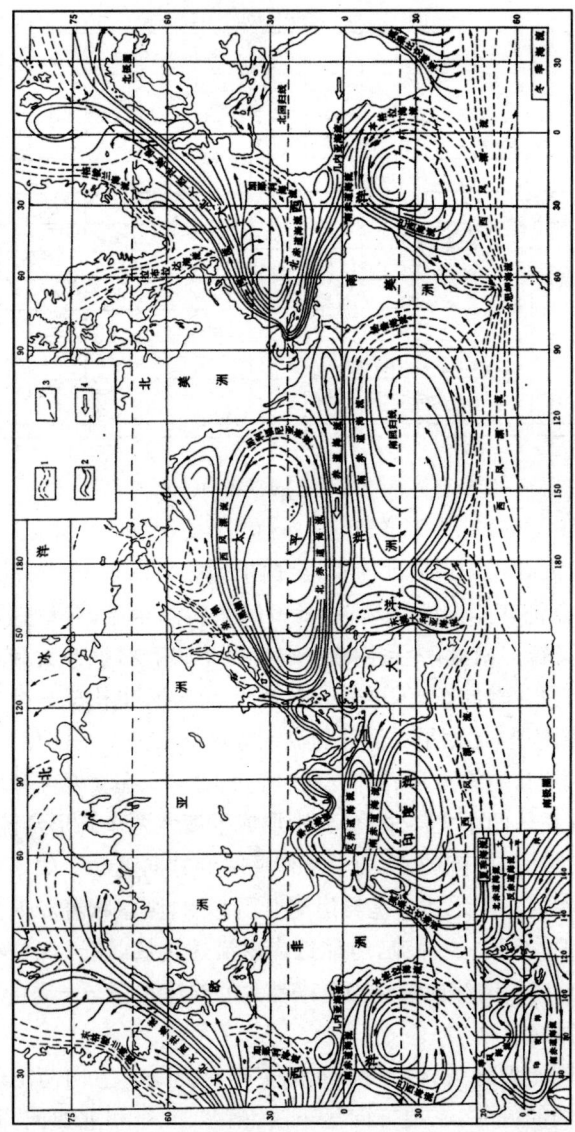

图 4.10 世界大洋洋流与地球自转的关系图
1—寒流；2—暖流；3—冬季流冰界限；4—纬向力

第四章 地球气圈、水圈、岩石圈自然变异的基本情况和相关性

张文佑先生的断块构造学说（张文佑等，1978、1980、1984）认为，岩石变形一般是从褶皱到断裂，一旦断裂产生便对以后的变形起着决定性作用。他还认为，地槽相当于地堑，比较"软"，活动性强；地台相当于断块，比较"硬"，活动性弱；断裂多期活动使地台"活化"。这种观点认为，由岩石圈断裂、地壳断裂和基底断裂所组成的断裂网络控制着中国大陆构造的发展和盖层中的构造体系。X 型断裂网络不仅出现在我国及地球表面，在月球与火星表面也屡见不鲜。从 X 型共轭断裂面的产状来推测主应力的作用方向，得出了太古宙以来岩石圈就处在南北方向的主压应力作用下。从而认为它们的形成可能与地球自转角速度变化所引起的离极力、科里奥利力、角速度不均效应及潮汐力有关。受断裂控制的板块运动自然也不例外。

镶嵌构造说（张伯声等，1987、1980）认为，地壳上的镶嵌形象并不是一层巨大的"角砾"漫无规律地分布；相反，构造带的空间展布，运动变化都好象几个系统的波浪交织。如中国大陆明显存在两个波系，一是太平洋波系，二是地中海波系，从而形成了中国的构造网，网目中存在着镶嵌地块。构造带和地块由次一级、再次一级等的构造带组成，形成有规律的等距离排列。关于镶嵌地块构造成因，镶嵌构造说认为与地球的自转与脉动有关，特别是地球自转速度不均衡产生的经向与纬向水平力，加剧了环太平洋和地中海两大波系的活动，由于中国大陆位于太平洋壳块、印度地台和西伯利亚地台"品"字型的中间，当地球自转速度增快时，自北而南的水平力使西伯利亚地台向南运动，造成三者对挤的应力场，形成了现在的构造图案。

地洼说根据中国大陆的构造线将中国分为五大构造系，包括东西构造系、南北构造系、弧形构造系、北东构造系和北西构造系。地洼说认为地壳构造定向性的主要原因，是由于地球内部矛盾斗争所导致的地球自转速度的变化所引起的、地壳中广泛的经向和

纬向两对水平压力所致。

综上所述,各种学派尽管观点不同,构造单元的名称不同,然而构造走向皆以东西、南北、北东和北西向为优势方向,一致说明其动力作用方向与地球坐标系有密切的几何关系,有些学说还明确提出动力的起源是地球自转运动。

风靡世界的板块构造说,虽然强调壳内对流作用,然而根据板块之间构造带的性质和两侧地层的时代,认为板块总的运动趋势是:太平洋板块向西运动,欧亚板块与澳大利亚板块及非洲板块向东运动,中间出现西太平洋海沟带;北美板块与南美板块向西运动,纳兹卡板块向东运动,中间出现东太平洋海沟带;纳兹卡板块向东运动,太平洋板块向西运动,中间出现东太平洋海岭;南极板块相对不动,非洲板块、澳大利亚板块、南美板块向北运动,出现环南极洲海岭;非洲板块、印度板块、南美板块向北运动,欧亚板块、北美板块相对向南运动,中间出现阿尔卑斯——喜马拉雅及瓜哇——新赫布里底海沟。因此概括而言,板块的运动方向仍然主要是纬向或经向的。

北半球的转换断层主要是顺时针的,而南半球则相反。勒皮琼(X. Lepichon)等人根据条带状磁带的宽度和其它材料,计算了海底扩张的速度,得出了海底扩张速度与纬度余弦成正比的结论。

为什么板块围绕旋转轴作旋转扩张?为什么板块纬向扩张的速度与纬度余弦成正比?为什么海岭大都作近南北向展布,转换断层呈近东西向伸展?这些问题单纯用热对流的推动而不考虑地球自转是难以解释的。

李四光等地质力学工作者,将全球地质构造划分为纬向构造体系、经向构造体系、北东向构造体系、北西向构造体系、扭动构造体系等,认为这些构造体系是由地球自转不均衡所产生的纬向力和经向离心力推动下形成的(图4.11)

(4) 软流圈的运动

第四章 地球气圈、水圈、岩石圈自然变异的基本情况和相关性 · 89

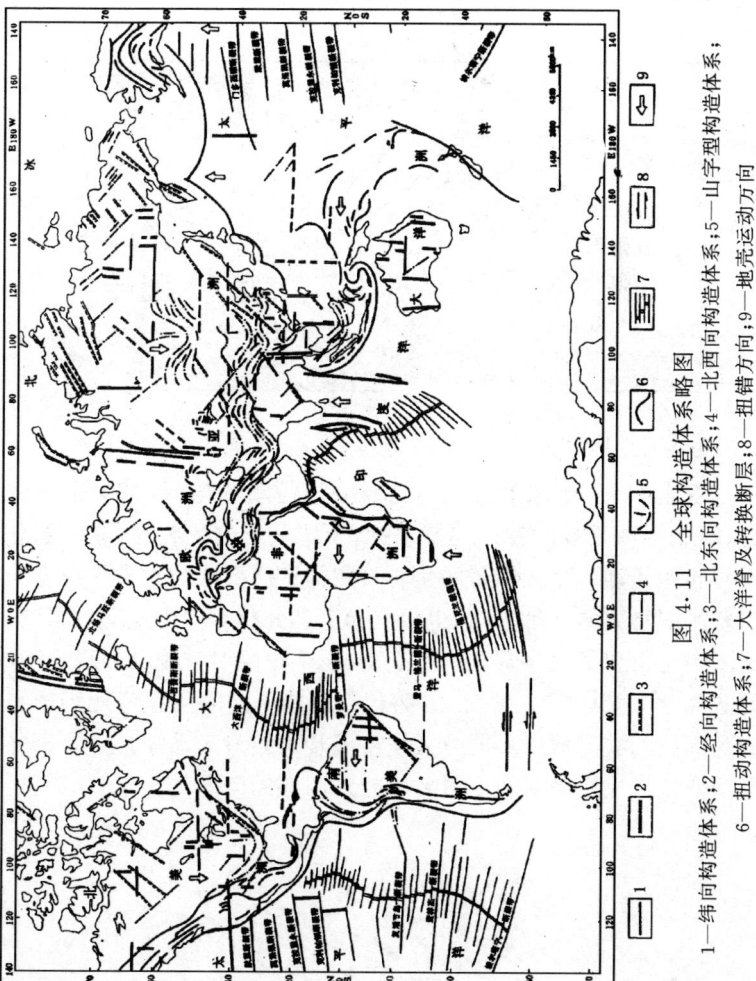

图 4.11 全球构造体系略图

1—纬向构造体系；2—经向构造体系；3—北东向构造体系；4—北西向构造体系；5—山字型构造体系；6—扭动构造体系；7—大洋脊及转换断层；8—扭错方向；9—地壳运动方向

如图 4.12 所示,赤道地带软流圈物质自西向东流动现象是十分显著的。

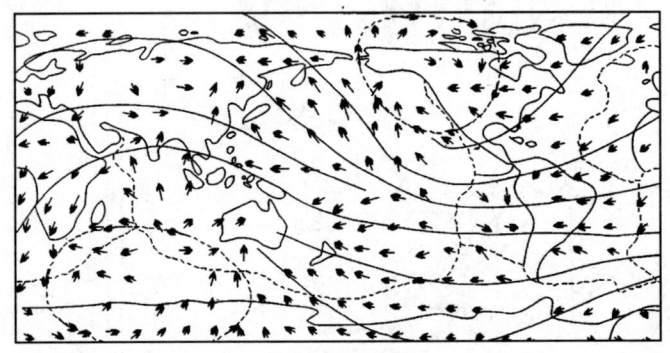

图 4.12 地球软流圈物质流动方向示意图(据 A·N·斯特拉勒)

综上所述,地球上大气运动与海洋运动的格局,基本是一致的,即北半球是顺时针方向旋动;南半球呈反时针旋动;赤道部分相对向西运动。令人惊奇的是岩石圈构造所反映的动力作用方向和软流圈物质的运动方向,也显示赤道部分相对向西运动,而且软流圈中也出现了北半球顺时针旋动、南半球反时针旋动的现象(对比图 4.9、4.10、4.11、4.12)。为什么地球不同圈层在南北半球和赤道部位都共同地以不同方式发生同步性相对运动呢?这是研究全球变化形成机制时一个重要而必须回答的问题。

第五章
全球变化与自然灾害系统的形成

引起全球变化的原因

前面几章论述了中国主要自然灾害的形成与自然变异的关系，认识到气象灾害、海洋灾害与洪涝灾害、地震与地质灾害、农作物生物灾害都是由地球气圈、水圈、岩石圈、生物圈诸圈层的运动和变异产生的；继而研究了各类自然灾害和各圈层的重大自然变异的时空分布规律，认识到它们的周期性韵律活动与空间分布格局均有极为密切的相似性与统一性。

我们在探讨引起全球变化的原因和研究全球变化机制时，必须对这些现象和特点作出统一的整体的解释，而不能孤立地去解释一部分现象。

笔者也认为人类活动和温室气体的排放，可以促使气候变暖和海平面上升。然而历史上，尤其是人类出现以前那么多次气候变化和海水进退决不可能唯此为主因；更何况有那么多与气候变化、海平面升降相关的自然现象，更难以从人类活动、温室气体排放找到直接的因果关系。

笔者也认为壳内物质对流和板块运动对地壳构造的形成起了巨大的作用,但唯此为主因,也很难解释地球岩石圈、水圈、气圈运动方向和周期的相似性。

那么究竟是什么原因能够使全球气圈、水圈、岩石圈等各个圈层的变化具有韵律性、同步性与同向性呢?显然要以地球整体观和系统论的思想为指导,考虑引起全球变化的各种原因,系统研究各种变化的综合形成机制,才有可能对此作出科学的解释。

参考许多科学家的研究成果后发现,能够使全球发生变化或影响地球各个部分同步运动变化的主要因素有下列情况。

地球自转

地球是天体系统中的一员,它一方面围绕太阳公转,另一方面在不停的自转着。大量的研究工作已经证实,地球是在旋转中诞生,在旋转中发展,一旦转动停止,地球的生命也即告结束。

地球围绕着自己的旋转轴不停顿地由西向东转动,旋转一周需 23h56min4.08s,自转角速度(1900 年)为 $7.29211515 \times 10^{-5}$ rad/s,赤道线速度为 465.1m/s,自转的能量估计为 2.160×10^{29}J(古登堡)。

地球自转运动中,不仅自转速度在不断变化,而且旋轴的方位也有所变动,从而产生了一些可能推动地壳运动的动力:

(1) 离心惯性力

$$F = m \cdot \omega^2 \cdot x \quad (1)$$

式中:m 为地球任一点的质量;ω

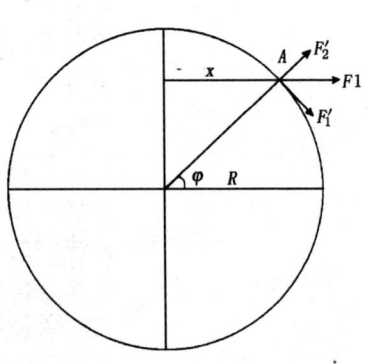

图 5.1 离心惯性力增加 (F')的水平分量(F'_1) 与垂直分量(F'_2)

第五章 全球变化与自然灾害系统的形成

为地球自转角速度；x 为地球任一点(A 点)到地球自转轴的距离(图 5.1)。

$$x = R \cdot \cos\varphi \qquad (2)$$

式中：R 为地球半径；φ 为 A 点纬度。

当地球自转角速度从 ω 增至 $\omega + \Delta\omega$ 时，其离心惯性力为：

$$F_1 = m(\omega + \Delta\omega)^2 x \qquad (3)$$

离心惯性力增量(即附加力)为：

$$\Delta F = F_1 - F = m(2\omega + \Delta\omega)\Delta\omega \cdot R \cdot \cos\varphi \qquad (4)$$

其中水平分量(即经向附加力)为：

$$\Delta F'_1 = m(2\omega + \Delta\omega)\Delta\omega \cdot R \cdot \cos\varphi \cdot \sin\varphi \qquad (5)$$

垂直分量为：

$$\Delta F'_2 = m(2\omega + \Delta\omega)\Delta\omega \cdot R \cdot \cos^2\varphi \qquad (6)$$

(2) 纬向附加力

为一种纬向切力，其大小可用下式表示：

$$\Delta F = m(\tau - 1)\mathrm{d}\omega/\mathrm{d}t \cdot R \cdot \cos\varphi$$

式中：m 为地球任一点的质量；τ 为与基底联结程度有关的系数；$\mathrm{d}\omega/\mathrm{d}t$ 为地球自转加速度；R 为地球半径；φ 为地球任一点的纬度。

从上式可以看出其数值与纬度余弦成正比，在赤道最大。

(3) 科里奥利力

由于地球由西向东的自转角速度增大时，要产生一个由两极向赤道的水平切力，所以当北半球物质向东运动时，似乎就相当地球的转速变快，因此要受到一个向南的力的作用；南半球正好相反。这个使北半球物质的运动方向向右偏，南半球物质运动方向向左偏的力，就叫科里奥利力或简称科氏力。

$$f = 2m\omega\sin\omega \cdot \nu$$

式中：m 为运动物体的质量；ω 为地球自转角速度；ν 为运动物体的线速度。

除这两种力外，由于地球自转还产生了离极飘移力、极移力、带状自转力、潮汐力及离心力、向心力和热力。它们的共同特点是力的作用方向与地球坐标系一致,分别为纬向的和经向的,它们可以作用于地球各个圈层,这样便合理地解释了地球气圈、水圈、岩石圈、生物圈诸圈层自然变异的相关性。

地球自转角速度变化

地球的转速不是固定的,而是时快时慢地变化着,这种变化必然会影响各个圈层的物质运动和变化,因此成为自然灾害形成并与地球运动作同步发展或相关变化的一个重要原因。

(1) 地球自转速度与气候变化

影响地球气候的变化因素很多,其中重要的一个原因就是地球自转速度的变化。

图 5.2 为地球自转速度变化与北半球气温之间的关系(李志安 1989),从图中可以看出,地球自转速度较快的时期,气温较高;地球自转速度较慢的时期,气温较低(任振球 1990)。

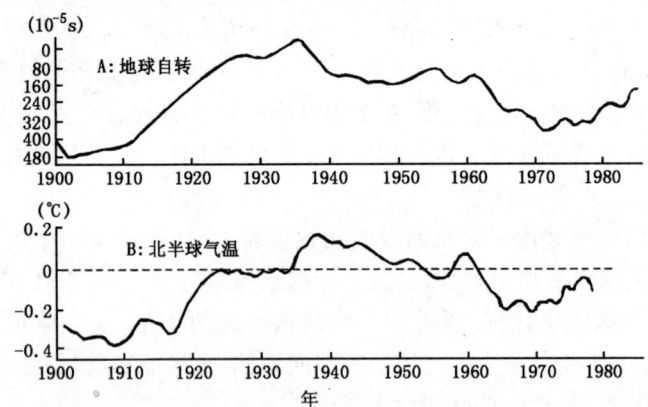

图 5.2　地球自转速度变化与北半球气温
之间的关系图(据任振球,1990)

(2) 地球自转速度变化和厄尔尼诺现象(李志安 1989)

厄尔尼诺是指赤道太平洋海温异常增高并大规模向东流动的

第五章 全球变化与自然灾害系统的形成

现象。由于暖水在秘鲁、厄瓜多尔一带集中,使原来干旱的这个地区雨量剧增,而赤道太平洋西部,则由多雨变为干旱。这种剧烈的气候变化对我国气候也有很大的影响,使我国常出现旱涝等灾害增多的现象。

观测资料已经证实,厄尔尼诺现象的出现与地球自转速度变慢有关,又有资料显示厄尔尼诺现象出现在海水表面温度高的时期(图 5.3)。

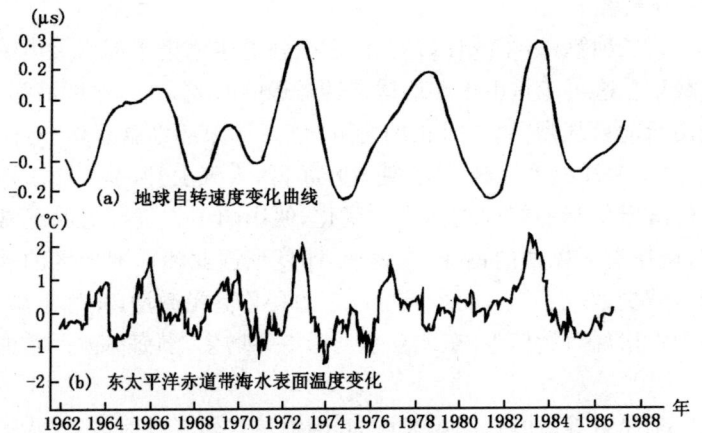

图 5.3 地球自转速度的变化和东太平洋赤道带海
水表面温度变化图(据郑大伟)
(注:高温时期为厄尔尼诺现象发生时期)

关于厄尔尼诺现象的产生可作两种解释:

第一种解释:在地球自转加快时期,由于气候带自两极向赤道推移,两极地区的寒冰冷水向赤道方向飘移,使纬圈平均温度的冷槽由高纬度向中纬度扩展,西风带南压;其结果使大气角动量也由高纬度向中纬度区依次升高,从而导致全球大气角动量增加;大气角动量增加使地球自转速度变慢;在假定固体地球、大气、海洋三者总角动量守恒条件下,它们角速度的变化关系为:

$$\Delta\omega_E = -3.568\times 10^{-4}\Delta\omega_0 - 1.757\times 10^6\Delta\omega_a$$

式中：ω_E、ω_0、ω_a 为固体地球、海洋和大气的平均角速度及变化。将厄尔尼诺年的地球自转平均减慢量代入上式，计算出各纬圈海水、大气由地球自转减慢引起的相对速度，得到可使赤道南北10°以内地区的海水和大气，分别获得 0.5cm/s 和 1m/s 的向东相对速度，从而使赤道洋流或赤道信风减弱，然后引起赤道太平洋东部冷水区涌升流的减弱，从而造成这一海域的海温首先增加的厄尔尼诺现象。

第二种解释：据统计，70%以上的强厄尔尼诺年都为火山活动活跃年。这可能是由于在地球自转最慢的时候，赤道地区最膨大，火山活动最强烈，由于火山的影响，使海洋深部水温骤增，对流加强；由于海洋温度上升，必然使气压下降，大气上升，加之由于地球自转减慢引起的纬向切向力的变化，便影响了大气环流的正常形势，使增温区以西的南亚、东南亚、印度尼西亚和非洲地区的季风降雨减少，发生干旱，而增温区以东的秘鲁雨量激增，发生洪涝，我国则常出现雨量偏少，东北夏季低温冷害增多，渤海海冰严重的现象。

刘厚赞等（1991）的研究认为：当地球自转减慢时，不仅赤道火山活动与厄尔尼诺增强，而且也是台风形成与增多的一个重要原因；这是由于火山活动与海水温度增高，易使气温升高，气压下降，形成热力涡旋。由此看来厄尔尼诺现象的产生和影响，已涉及地球大气圈、水圈、岩石圈的变化和整体运动。

(3) 地球自转速度与海水入侵

海水入侵是滨海地区的严重灾害，它的发生一方面与地面沉降有关，另一方面与海平面上升有关。据研究，中国北部沿海海平面上升时期为地球自转速度变慢的时期，而南方海平面上升时期为地球自转速度加快时期（于道永 1985）（图 5.4）。

(4) 地球自转速度变化与地震活动的关系（沈宝丕 1987）

大量的研究结果证实，地震活动与地球自转速度变化有密切

第五章 全球变化与自然灾害系统的形成 · 97

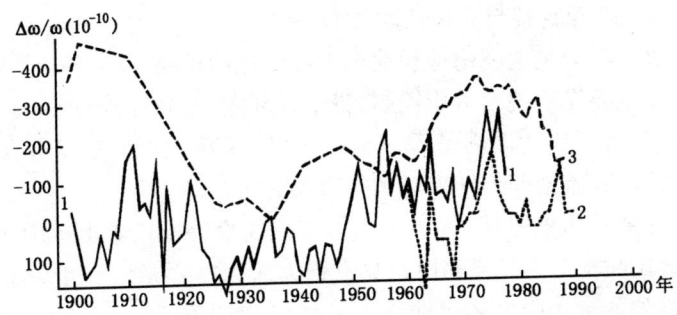

图 5.4 地球自转速度变化与海平面变化曲线（楛于道永等）
1—悉尼海平面变化曲线；2—秦皇岛海平面变化曲线；3—地球自转速度变化曲线

的关系。图 5.5 为地球自转速度变化与全球 M≥8 级大地震关系图。从趋势性的规律来看，强烈地震多发生在地球自转速度变慢的时期。

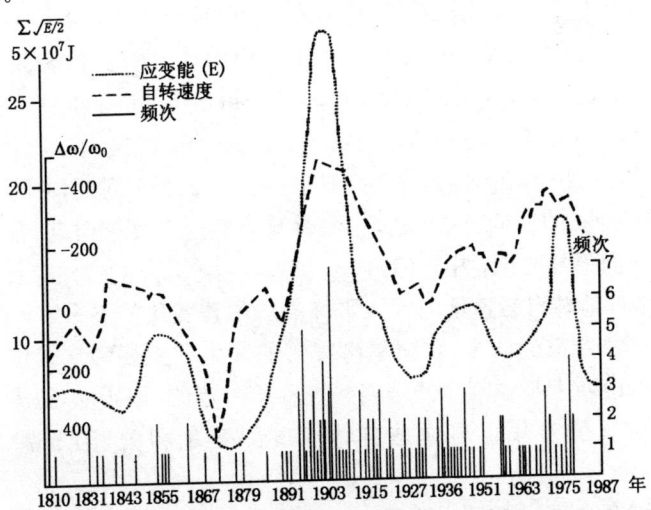

图 5.5 地球自转速度变化与全球地震活动关系（据李愿军）

(5) 地球自转与火山活动

火山活动是地壳构造和地球内部变化的反映。在空间上,火山的分布主要受断裂构造所控制,集中在环太平洋构造带和海岭带;在时间上,火山活动则呈现一定的韵律性,第四纪以来,几乎每一个冰期或亚冰期即将结束时都同时有火山活动。

在地质历史时期,火山活动与气候变冷、海退、造山运动相伴生。火山喷发对人类生命财产具有强大而直接的破坏作用;不仅如此,强烈的火山喷发还可能破坏臭氧层,产生酸雨,从而对生物构成严重威胁,在地质历史上,火山活动强烈时期常是生物灭绝时期。

据对近代火山的研究,发现太平洋的台风源地与厄尔尼诺策源地恰是火山最多的地区。前面已经谈到可能是由于火山活动形成的巨大高温、高压水气团,影响了海温与气温、气压的变化,并在地球自转动力的作用下,形成了厄尔尼诺现象与台风。

由此看来,火山活动是地球岩石圈、水圈、大气圈、生物圈变化的一个重要因素,是全球变化的一个重要内容。据统计,公元1600年以来,火山活动的高峰期在1640年、1660年、1685年、1718年、1740年、1780年、1800年、1820年、1855年、1910年、1930年、1950年、1970年、1990年前后,似乎存在11a、22a周期,并可能有90a与180a的周期。总体来看,在地球自转速度变慢时期,常是火山活动的强烈时期(图5.6)。

(6) 地球自转速度与西太平洋高压位置变化的关系

气象专家们认为,我国旱涝灾害的发生和主要降水带位置的变化是由西太平洋高压的强弱和位置所决定的。据研究,西太平洋高压位置的变化也与地球自转速度的变化相关(图5.7)、(图5.8)。

综合太平洋副高压西脊点位置变化发现,当地球自转速度变快时,副高脊点位置从东、北向西、南迁移;当地球自转速度变慢时,副高脊点位置从西、南向东、北迁移。1987年后至今,副高脊点

第五章 全球变化与自然灾害系统的形成

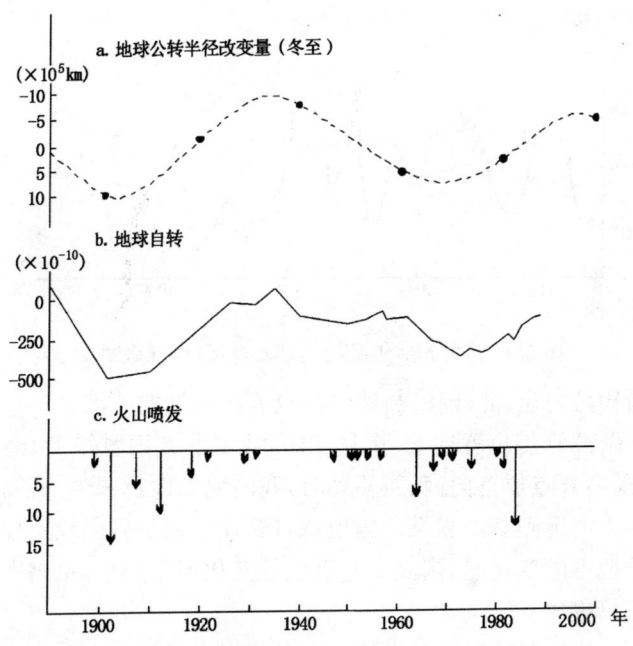

图 5.6 20世纪内地球运动参数与火山活动图(据任振球)
曲线 a 黑点为冬至时地球公转半径改变量,虚线
为其趋势变化;曲线 b 为地球自转速率;曲线 c 实
线为低纬度火山喷发,虚线为高纬度火山喷发

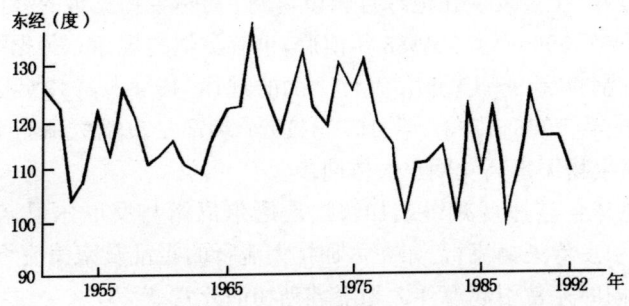

图 5.7 500 hPa 年平均副高西脊点位置(经度)

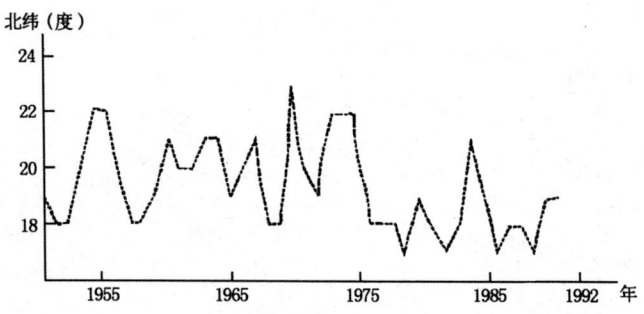

图 5.8 500 hPa 年平均副高西脊点位置(纬度)

总的趋势是向东、北迁移,当然中间也有小尺度的波动。

当副高脊点位置向北、东移动时,我国北方雨量增多,易发生洪涝;副高脊点位置向南、西移动时,我国北方雨量减少,易发生干旱。南方情况则基本相反。当地球自转速度由快到慢或由慢到快发生转型性的变化时,副高压脊点位置变化速率减小,更易发生洪涝与干旱灾害。

(7) 地球自转速度变化与生物灾害

地球自转速度的变化必然使自然环境发生变化,进而对生物界发生一定的影响。据统计资料,建国以来,我国农作物生物灾害频发时期为:1949～1956 年、1958～1964 年、1970～1977 年、1985～1990 年,主要发生在地球自转慢速期。森林生物灾害的峰值期,约在 1957、1965、1975、1988 年前后,也有类似的规律。另据统计,我国流脑也有 8～10 年大流行一次的规律,1948～1949 年、1958～1959 年、1966～1967 年、1976～1977 年都是流脑大流行时期,与其它生物灾害高发期也大体同步。

地球自转速度减慢或加快出现厄尔尼诺与反厄尔尼诺现象时,常引发传染病流行。如在孟加拉大流行的霍乱及南美流行的肝炎等,同时还常引起海洋大型哺乳动物的死亡。

综上所述,大量的资料揭示,地球自转速度的变化,是自然灾害韵律或周期活动的一个重要原因。因此,研究地球自转速度变化,对认识自然灾害活动规律,进行灾害预测、预报具有重要意义。但是,必须强调,自然灾害发生与变化规律十分复杂,地球自然速度变化只是原因之一。在自然灾害不同尺度的韵律活动周期中,地球自转速度变化也只是其中的一个层次。

(8) 地球自转速度变化与地壳运动

李四光的地质力学观点认为地球自转角速度变化是地壳运动之主因,图5.9显示每一次地壳构造运动,都对应一次地球自转速度的快慢变化过程(王仁 1976)。

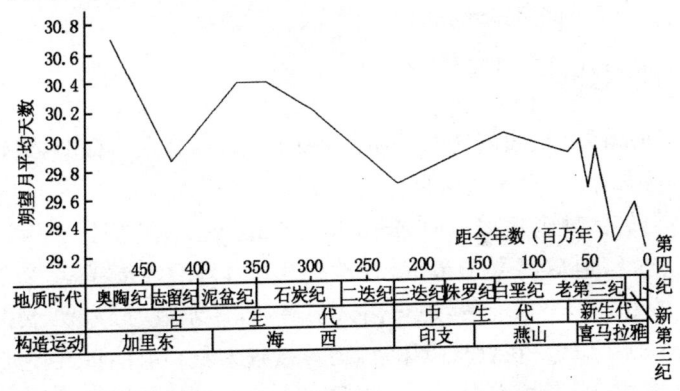

图5.9 地球自转速度变化与地壳构造运动的关系

这种观点认为:当地球自转角速度增加的时候,即离心惯性力的水平分力(亦称经向力),从两极指向赤道,推动地壳表面物质从两极向赤道运动;离心惯性力垂直分力(亦称径向力)向上,使壳内物质向外流动。结果可能出现如下现象:①水圈和大气圈物质从两极向赤道集中,两极地区出现海退,赤道地区发生海侵。②自两极向赤道的作用力,使岩石圈发生形变,出现经向张裂带、纬向挤压带、山字型和其它扭动构造。③地球扁度增大,是经向裂谷最发育的时期。裂谷的出现吸收了海水,加之水体向地球半径最大的赤道方向集中,使中低纬度区海平面降低。④壳内物质在垂直分力作用下,发生升降运动,形成地块及台地或盆地,在自东而西的纬向力作用下,大陆西移并形成了经向构造带。

当地球的转速增加到一定程度,海水从两极向赤道集中,壳内的物质向赤道方向流动和大规模岩浆上侵,都起到了使转动惯量增加的作用。再加上地壳表层向地球运动方向的反方向相对滑动所产生的"刹车"作用,以及潮汐等原因;其结果使地球自转的角速度逐渐变慢,从而出现特征相反的构造形迹,同时使海水从赤道向两极流动,壳内物质从赤道方向向两极方向运动,重力分异与均衡代偿作用,褶皱山脉被侵蚀削平,这些变化又导致地球转速变快,于是一场新的地壳运动过程又将开始。

地球公转

地球围绕太阳旋转的运动称为公转。以春分点为标准,旋转一周为 365.2422 个平均太阳日。

公转的轨道近似一椭圆形,太阳即位于一个焦点上。每年1月3日前后,地球离太阳最近,日地距为 1.471 亿 km,此点称近日点;每年7月4日前后,地球离太阳最远,日地距为 1.521 亿 km,此点称远日点。在近日点附近,地球接收太阳辐射能量最多,在远日点最少,两者相差 1/15。在近日点太阳对地球的引潮力最大,在远日点最小。这种差异除了影响地球上气候、海洋潮汐、固体潮的变化外,也影响到地球的自转速度。

地球公转的椭圆形轨道的偏心率,在 0.00~0.06 之间变动(现在大约是 0.016)。偏心率的变化影响地球接收太阳的总热量和对南北两半球的辐射量。偏心率愈大,南北两半球的冷热差异越大,偏心率变动的周期是 96600 年,它是影响地球气候史周期变化的重要因素。

地球绕日公转的面为黄道面,黄道面与赤道面的交角在不断变化:公元前3世纪为 23°50′,公元9世纪为 23°35′,1587年为 23°30′30″,1972年为 23°26′34.54″。约每世纪减少 47″。黄赤交角的变化影响着四季的变化,当交角大时,极区冰盖增大,气候带向赤道移动。黄赤交角变化的最大值为 2°,变化周期为 15000a。

日、月和其他星体对地球运动的影响

地球的运动除了自转和公转外,由于日、月和其它星球的影响,还附加了其它一些运动形式,其中重要的有日角差、岁差、章动、摄动。

(1) 日角差

月球是地球的卫星,两者都绕地月系统的公共重心转动。由于地球质量比月球大 81 倍,所以该重心偏于地球一侧,大约在距地心约 4728km 的地幔内。由于地月引力所产生的潮汐力的长期作用,推动着大陆表层向西运动,并减慢地球的转速,故在潮汐力数值最大的朔望日常易触发地震。随着地球转速的变慢,月球也以大约每年 1m 的速度渐渐远离地球,每个月(阴历)的时间也随之增加。这种现象称为日角差。

(2) 岁差

由于赤道面与黄道面及月球的轨道面都不重合,在日、月的吸引下,使赤道面向黄道面趋近,致使地球像陀螺那样慢慢地晃动;地轴的摆动,使太阳每年通过春分点的时刻向西移动 50″,这种运动称岁差。当地轴倾斜度增加时,接受太阳辐射量在高纬度区增加,赤道区减少,如增加 1°,极地辐射量会增加 4.02%,而在赤道地区则减少 0.35%。

(3) 章动

地球在转动过程中,太阳每年经过赤道两次,月亮则每月经过赤道两次,它们有时同在赤道以南,有时同在赤道以北,有时分别位于赤道两侧,其引力的大小和方向也随之变化,因此使地轴在长期的旋进中又加上一个周期 18.6a 的运动,称为章动。章动对潮汐的周期变化有重要的控制作用。与此同时,岁差与章动还影响了气候变化。

(4) 米兰科维奇效应

地球围绕太阳不停地转动着,由于地球轨道的改变,影响了日射量,从而使地球的气温发生变化,并可能通过大气角动量的变化影响到地球的自转速度。

前已述及,影响日射量的地球轨道参数有轨道偏心率 e、黄赤交角 ε 和岁差运动周期 p。1930 年米兰科维奇(M. Milankovitsch)综合考虑偏心率、地轴倾斜及岁差运动三者对气候的影响,按冬、夏半年分别计算了南、北两半球上每隔 10 个纬度的辐射量,结果他认为夏半年起了主要的作用。他的思路可用下式表示:

$$Q_S - Q_S^1 = p\Delta\varepsilon - m\Delta(e\sin\text{II})$$

式中:Q_S 为夏半年实际接受的辐射量;Q_S^1 为现在的数值;p 与 m 是随纬度而变化的值;$\Delta\varepsilon$ 为地轴倾斜度变化值;$\Delta(e\sin\text{II})$ 为岁差运动与偏心运动结合起来的变化量。

米兰柯维奇认为,由于夏季降温,使冬季降雪来不及融化,冬季又到来,这样反复进行便形成了冰期。他计算的结果与第四纪冰期是大致相符的。

20 世纪 70 年代,通过对深海沉积岩心的研究,发现气候模式、地质记录与天文因素三者同步变化,使一度受冷落的米兰柯维奇理论又获新生。

(5) 日、月引潮力作用

潮汐现象是由太阳和月球的引力作用产生的,包括海潮、固体潮、大气潮和磁潮。在朔望日,月球引潮力与太阳引潮力几乎作用于同一方向,因而出现了大潮;上下弦时,三个天体的位置呈直角分布,太阳最大程度地削弱了月亮潮,因而出现小潮。据统计,地震多发生在朔、望、弦时,显示了因潮汐力变化产生的月效应。进一步研究发现,当月亮位于近地点和远地点附近,朔望时地震频次特别高;当月亮位于近地点与远地点中间段,上下弦时地震频次特别高。根据 D. Sadeh 和 K. Wood 对美国和中美洲大量地震记录的分析,发现地震峰值有 13.65d 的周期。

郭增建等认为,引潮力可使地球放气,从而影响大气过程。如月亮的引潮力在低纬度最大,因之朔望时中低纬度地区放气多,发生增温增湿,气压降低,易使高纬度区冷气南下形成寒潮。

月亮的轨道(白道)与地球赤道的交角不断变化,当交角变大时,月亮的引力引起的大气潮汐在地球中纬度地区也较大,从而引起一系列气候变化。据统计,我国水旱灾害存在 18.6a 左右的周期变化;有资料显示在不同的经度区,如美国和中国,虽然都有 18.6a 的周期,但位相正相反。对西太平洋列岛地震的统计,也发现有 18.6a 的周期,显然这个潮汐力已影响到岩石圈。

(6) 行星效应

在行星运动效应的论著中,影响最大的是 1974 年格里宾(J. Gribbin)和普雷曼(S. Plagemann)合著的《木星效应》。根据他们的研究,行星对太阳施加潮汐力可激起太阳黑子过剩,使更多的太阳粒子到达地球高空大气层,触发大的气团异常移动,以致影响到地球的自转速度。

关于"木星效应"问题,在杜品仁等所著的《天文地震学引论》中已经进行了评述(杜品仁,1989)。尽管对"木星效应"的评论不一,但行星会聚对地球的影响是不容忽视的。

我国天文学家也对行星会聚进行了详细的研究。通过对历史气温变化资料的分析,发现地球之外的八大行星和太阳相对地心的会聚,对地球气温变化有显著的对应关系(张国栋等,1987)。

① 当会聚发生在冬半年(秋分至春分),且会聚角(即会聚时最外两颗天体对地球的张角)$\Delta\theta$ 小于 70°时,中国处于低温时期;

② 当会聚在冬半年,而 $\Delta\theta$ 小于 80°时,气候则偏暖,但属于暖期中低温阶段;

③ 当会聚发生在夏半年,气候温暖。

根据对中国 5000 年温度变化与九星会聚角度的比较研究,对其相关关系给予了进一步的证明。

有迹象说明,行星会聚已影响到岩石圈的运动。安振声认为,华北地区地震活动的 4 次高潮与九星联珠出现的时间大体一致,在联珠前 16 年至后 23 年内,$Ms \geqslant 6$ 级的地震发震概率相当于其余年份的 2.8～5.6 倍(安振声,1982)。

任振球(1990)的研究发现九大行星地心会聚的准 179a 周期变化对中国 5000 年来气候变化有着重要的影响。认为其物理机制是九星地心会聚的力矩效应,使得地球冬夏的公转半径和公转速度发生改变而引起的。在九大行星中,影响最大的是木星、土星、天王星和海王星四个巨行星。据研究,本世纪初由巨行星会聚力矩效应引起的冬至时地球公转半径增加最多,在这一时期地球自转速度最慢,火山喷发(特别是低纬度地区)最强,气候最冷,地震与厄尔尼诺增多。而在 20 世纪 30～40 年代,则冬至时地球公转半径缩短,地球转速最快,气候转暖,火山喷发减弱,地震与厄尔尼诺减少,其周期变化大约为 60a。

地热作用

早已有人提出地球受热而膨胀或冷却而收缩是发动地壳运动的主要原因,称为膨胀说与收缩说。

地球内部是一个巨大的热库。由于地下放热、放气,不仅直接导致火山灾害,而且还影响了局部的海洋运动与大气运动,间接造成了海洋灾害、气象灾害、洪水灾害和生物灾害等。汤懋苍教授的监测成果发现,在我国许多地区都存在地温异常区域——"暖涡",每个暖涡在鼎盛时期约有 400～600km 大小,平均持续时间 1.5 年;而且每年夏季降水大都集中在这些暖涡区,易发生洪涝灾害;通过对 12～2 月的暖涡状态分析,已多次成功预报了 5～9 月份的水灾;另外还发现这些暖涡的中心位置,有逐年东移的现象,每年约移动 400km,将其移动轨迹连起来可以发现,这些轨迹可以分为南、中、北三个带,其位置恰好与中国三大纬向构造带一致;而在暖涡的周围地区则是旱灾和地震易发区。

以地下热能的释放为基础,1928 年,霍姆斯(A. Holms)用地幔对流解释大陆漂移现象,提出了对流说,20 世纪 60 年代发展成了板块运动说。这一学说认为,地球内部物质有些部分受热上升,当这股热流上升到地球表层下面的时候,就分为两股平流,朝着相反的方向流动,经过一定流程再转向下降,回到深部。在热流上升分为两股平流的地方,地壳就会受到张裂的作用,于是发生断裂,是火山最多的地方;地壳中受平流牵引的部分,就会发生水平运动,在平流汇集的地方,则产生强烈的挤压,发生褶皱、断裂、变质、岩浆活动,是地震强烈的地方。

太阳的影响

(1) 太阳活动的 11a 周期及其影响

在太阳的多种变化中,黑子的变化是太阳活动的一个重要标志。1843 年施瓦布(H. Schwabe)首先提出了太阳黑子的变化具有周期性,以后沃尔夫(J. R. Wolf,1984)引入了太阳黑子相对数。据观测数据,太阳活动明显的保持11a左右的循环性;其中最短的周期为9a,最长的周期为 13.6a,实际为准周期。

太阳黑子活动的同时,还有耀斑活动,周期也为11a。黑子与耀斑的强烈活动,往往改变了太阳到达地球的日照量,破坏了臭氧层,使地球气温发生变化,从而又可引起地球自转速度的变化和地球大气圈、水圈、生物圈和岩石圈的一系列变化,一般当黑子与耀斑活动微弱时期,地球气温降低(图 5.10),地球转速变慢;当然也有例外。

根据大量资料统计,地震活动、海冰、海平面升降、气候变化、乃至生物活动都有 11a 准周期变化;许多统计与研究说明约有2/3的地震与黑子相对数极值年有关,如 1966 年邢台地震、1976 年唐山地震都发生在太阳黑子活动的谷值期(赵洪声 1990)。在太阳黑子活动峰值年地温偏高,雨量增多。

(2) 太阳活动的 22a 周期及其影响

1913 年海尔(G. E. Hale)发现了太阳 22a 磁周期活动。由于在先后两个太阳活动周期中,前周黑子群的前导黑子和后随黑子的极性分布与后周相反,太阳磁场的这种变化,对地球带来了很大的影响。

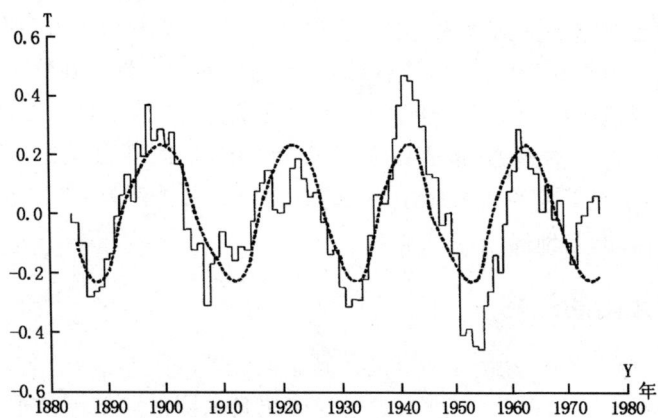

图 5.10 我国 42 站年平均气温主成分对长期趋势离差的
11 年移动平均值 $\bar{C}_1(t)$（拐线）与太阳 11 年
活动周期（曲线）的关系图（据屠其璞资料改编）

沈宗丕（1987）对我国西部地震高潮期的分析，得出同样的结论，并认为地震活动的 22a 周期与太阳黑子活动的 22.08a 周期、地球自转的 22.334a 周期相似（刘厚赞、刘梦玉、周翠英 1991）。

图 5.11 反映了云南地震也有 22a 周期活动，且强震主要集中于太阳活动的偶数周的下降段。

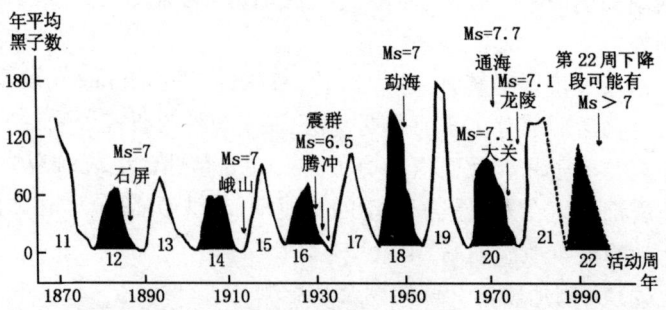

图 5.11 太阳活动偶数周下降段与云南强震的爆发（据赵洪声）

为什么地震活动与太阳磁周期有如此密切的关系呢？许多人

认为由于太阳磁场的变化,必然影响到地磁场的变化,两者的相互作用,便使地球自转速度发生变化,从而推动了地壳运动。顾震年(1989)则认为,太阳活动通过大气角动量的改变而影响地球的自转速度。

太阳对大气活动和气象的影响非常明显,降水量与黑子活动的关系随地理纬度不同而不同,一般赤道地区为正相关,中纬地区为负相关。

(3) 太阳活动的世纪周期和超长周期及其影响

20 世纪 40 年代,格莱斯堡(W. Gleissberg)发现了太阳活动存在 80a 左右的长周期活动,称为世纪周期,另外还发现有 180a、400a、1700～2000a 超长变化周期。

太阳活动世纪周期对大气环流振动影响十分明显。对比地球转速图,可看出,在太阳活动强时,地球转速变快,纬向环流发展,环极气流收缩,使气温增高;相反,在太阳活动弱时,地球转速变慢,纬向环流减弱,环极气流扩展,气候比较凉湿。

据研究,在 20 世纪太阳活动世纪周谷值年代,即 1900～1909 年,中国及邻近地区发生 Ms≥8 级地震 6 次;在 20 世纪周峰值年代,即 1950～1959 年内,中国及邻区发生 Ms≥8 级地震 3 次,可见太阳世纪周峰期和谷期,地震都较多,特别是谷值更为集中。

从近 500 年的地震资料来看(图 5.12),中国两次 8 级大震群发期(17 世纪下半叶与 20 世纪初叶)正好位于太阳活动的两次持续极小期内。这两个时期及 1460～1550 年极小期都是地球冷期。根据可靠资料,起码后一时间段,正是地球自转速度慢的时期;显示太阳活动与地球自转速度呈现正相关的变化关系。

此外,太阳的体积也在发生百年周期的胀缩。当太阳体积增大时,地球气候变暖,太阳体积变小时,地球气候变冷,太阳这种脉动变化引起的大气角动量改变也将影响到地球的转速。

还有资料说明,太阳强宇宙射线出现后 2 年我国常发生大地震、水旱灾害和流感。

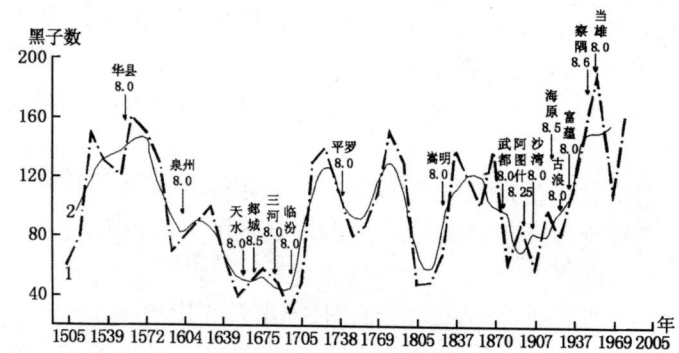

图 5.12 中国 8 级大震频发于太阳活动
长期低值的情况(据赵洪生)
1—1505 年以来太阳活动峰年黑子数;
2—曲线 1 的三点滑动平均

地球在银河系中位置的变化

太阳系除了自转外,还围绕着银河系的中心转动,速度达 250km/s,旋转一周即银河年的时间大约为 280~300Ma。在一个银河年的不同时期,太阳系与银心的距离不相等,这使地球的万有引力常数(G)随时间而变化(徐道一等 1985)。

20 世纪 40 年代末期,许多人先后指出了宇宙引力场脉动变化对地球发展的影响。众所周知,在牛顿的万有引力公式 $F=Gm_1m_2/r_{1,2}^2$ 中,G 一般认为是常数,但是英国物理学家狄拉克(Dirac,1938 年)首先提出,G 值是随时间而变化的。研究认为,当地球(太阳系)在近银心点时 G 值减小(为 6.67×10^{-8} CGS 单位),而在远银心点时增大(为 7.0×10^{-8} CGS 单位)。Jordan(1962)认为,引力常数的增大与减小,使地球的体积相应地发生收缩与膨胀的变化(徐道一,1983)。在近银心点时,地球膨胀,表面积增大,海水的深度必然减小,于是出现全球性的大海退;在远银心点时,地球缩小,表面积减小,海水的深度必然加深,于是出现全球性的大海进。其周期为一个银河年,即280～300Ma。震旦纪冰期、石炭—二叠纪冰期、第四纪冰期及相应的大海退,其周期大约为280～300Ma;志留纪—泥盆纪与侏罗纪—白垩纪大海进的间隔也大约为300Ma。

地球的胀缩使地球转速变化,从而又导致了构造运动、海水运动、气候变迁。

此外,太阳除了围绕银心转动外,还在银道面两侧往返运动,由于银道面两侧银河系的物质分布不同,影响了太阳活动和太阳辐射能对地球的反射,致使地球与其它宇宙物质的碰撞机率不同,太阳系在银道面两侧往返的周期为70～80Ma。

银河系为一旋涡星系,有四条主旋臂。据推算太阳穿越四条主旋臂的时间,距今分别为481Ma、185Ma、50Ma。地球上生物大量灭绝和地磁倒转事件、星球撞击都发生在地球进入银河系主旋臂时期,这时也是地球自转速度加快、地球温度升高时期;而当太阳和地球运动到主旋臂之外,则出现各大冰期,是地球自转速度减慢时期。

人类活动

(1) 人为致灾因素

在社会经济发展进程中,人类为了自身的生存与发展,一方面防治灾害,保护和治理环境,从而减轻了一些自然灾害;另一方面则是自觉或不自觉地向自然界无节制索取各种资源,并将越来越多的废物遗弃在地球表层,因此使生态环境恶化,导致多种自然灾害的发生和发展;此外,在人类历史上战争、动乱频繁发生,因此不仅使社会减灾废弛,而且有时为战争需要而毁林决堤,因此造成人为洪水甚至江河泛滥等灾害。主要人为致灾因素有:

① 破坏森林植被,不但造成严重水土流失,而且加剧了洪水、沙漠化等灾害;

② 过量开采水资源使地表水萎缩,并造成地面沉降、地面塌

陷、海水入侵等灾害；

③ 严重的环境污染,不但直接危害人类健康和正常生活,而且导致大面积酸雨和赤潮等灾害；

④ 战争中的人为致灾行为。

在历史上,战争双方常将放火、决堤等人为致灾行为作为克敌制胜的手段,因此常危及众多平民,酿成大灾。此方面事例屡见不鲜。

黄土高原地区水土流失景观(张宗祜摄)

(2) 温室效应

1985年10月,来自世界29个国家的科学家集会,他们普遍认为,由于人类活动,大气中CO_2及其它温室气体成倍增加,由此造成的地球温室效应,将导致地球气候与环境发生变化,对此已引起世界各国的普遍重视。

过去的100年,全球气温已上升$0.3 \sim 0.6°C$,海平面已上升$10 \sim 15 cm$。

(3) 热岛效应

由于城市的发展,人为的热释放、空气污染和下垫面改变,使城市地区气候变异,突出的表现是温度上升,称为热岛效应。据观

第五章 全球变化与自然灾害系统的形成 · 113

塔克拉玛干沙漠不断扩展,大片耕地、草地被黄沙吞噬,
克里雅河下游的阿克考其喀然克城被掩埋(陈荷生摄)

测,上海市区气温高出周围地区达 0.6℃。天津达 0.7℃。由于市区气温高,气流上升,则城市周围空气向城市进行补给,形成局部的天气系统;结果降雨往往增多,风速减小,并使污染物向周围排放。随着我国城市数量不断增多,城市规模不断扩大,这种效应将继续增强。

其他原因

(1) 地貌形变

地球在不断地运动,地球表面形态随之发生变化,因此不仅直接控制了许多自然灾害,如洪涝灾害、地质灾害的分布,而且作为下垫面也影响了天气系统和水文系统。地貌形变在自然灾害形成与分布中起着重要作用,一般说在下降区洪涝灾害加重,在上升区山地灾害加重,在升降交界的地带地震及地质灾害严重。

(2) 星球撞击

宇宙中有大量宇宙物质和小星球,如果它们撞击到地球就会使地球发生巨大灾难。有人认为 6000 万年前恐龙灭绝事件可能是星球撞击的结果。

(3) 海洋影响

我国东邻海域属东北信风区,来自太平洋的洋流自东向西至我国大陆边缘转向北流,洋流携带的大量热量在鄂霍茨克海释放,由那里流出的一股寒流又沿海岸影响到我国。地球的自转速度不是均衡的,当地球自转速度增快时,洋流加强,当地球自转速度变慢时,常出现厄尔尼诺现象。温度上升时海面上升,温度下降时海面下降。所有这些变化势必影响洋流动态,并通过复杂的海气互馈系统,影响到我国的天气形势。

(4) 阳伞效应及其它

由火山爆发、风沙和人为作用向空中排放的烟尘悬浮空中,形成地球的遮阳伞,使太阳辐射到达地面的能量减少,引起温度降低,称为阳伞效应。

除此以外,农田灌溉、兴修水库、土地沙化等都将影响气候变化,并对地球的生态环境造成一定的影响。

综上所述,自然灾害与全球变化的形成是多因子的,除了人类活动的因素外,地球运动、天体活动及其它天体的影响都是十分重要的,它们都作用在地球上。这些不同尺度、不同强度的多种外因和复杂的内在因素相互作用、相互影响,就构成了统一的地球变化系统。然而是什么因素在全球变化机制中起着主导作用呢?关于这一点,学者们还有不同的认识。

作者认为:分析何种因素在全球变化机制中起主导作用,最重要的条件就是看它能否对地球气圈、水圈、岩石圈、生物圈等各圈层自然变异和各类自然灾害的多尺度周期性(或准周期性)和空间分布的地域性、方向性的事实,作出系统的解释。用这一标准衡量,诸如太阳活动、壳内对流、人类活动等因素,其作用是显著的,然而要对全球变化各种现象的时空规律做出系统、整体的解释则是十分困难的。

地球自转可能是全球变化的最主要动力。因为地球就是在旋转中诞生、在旋转中发展的,也只有通过地球自转这一整体变化,才能把地球岩石圈、水圈、气圈、生物圈的变化在时间上的同步性和在空间上与地球坐标系的相关性联系起来。在地球自转的运动过程中,地球自转速度变化是最活跃的变动,只有用地球自转速度长短不一的多周期的变化,才能较合理地解释地球各圈层多尺度周期的变化和彼此之间韵律活动的协调性。地球自转速度的变化是地球变动的根本因素之一,如果地球自转速度不变,那么地球的引力和离心力早已达到统一,地球的形态变化,内部的物质也不再流动,死气沉沉的地球就不会再发生自然变异和自然灾害了。其它各种因素,如地球热场的变化、壳内对流、磁场的变化、地球表层系统的变化、太阳的影响等,一旦施加于地球,依据地球角动量和角速度守恒的定律,就必然引起地球自转角速度发生变化,因此地球自转角速度变化即使不能够成为全球变化的主因,起码也是全球变化机制发动的"脉搏"。当然,这一认识目前仍处于探索阶段,需要进一步研究和证实。

自然灾害系统的形成

自然灾害系统的构成

本书并未系统详细的介绍我国的自然灾害,只是着重探讨了自然灾变的形成和全球变化的关系。但是在作者与他的同事们编著的《中国自然灾害及减灾对策》、《灾害·社会·减灾·发展——中国百年自然灾害态势与21世纪减灾策略分析》、《中国自然灾害史》等总计数百万字的论著中,对我国自然灾害的灾情、社会危害及规律特点等,已进行了详细的描述与分析。通过大量的工作,除认识了单类自然灾害的特点和规律外,还通过横向对比和综合研究,进一步发现了在各类灾害之间存在着密切的关系,它们之间的联系性主要体现在两个方面,一个是受害的承灾体往往是共同的;另一个是引起灾害的自然灾变有着密切的联系,本书讨论的只是第二方面。主要认识可归纳为下列 3 个方面。

(1) 自然灾害的链发性与群发性

各种自然灾害不是孤立存在的,它们往往在某一时间或某一地区集中出现,形成灾害群或灾害链。

许多自然灾害,尤其是范围广、强度大的自然灾害,在其发生、发展过程中,往往诱发出一系列的次生灾害与衍生灾害,因此形成多种形式的灾害链。

在众多的灾害链中,下面几种是最主要的。

① 台风灾害链

台风是能量很大的自然灾害,它可以引起或诱发巨浪、风暴潮、暴雨、滑坡、泥石流等一系列灾害而形成台风灾害链。

② 寒潮灾害链

大范围、大幅度的冷气团活动,在不同地区、不同条件下,在同一天气过程中,往往造成多种气象灾害而形成寒潮灾害链。

③ 暴雨灾害链

暴雨可引起洪涝,触发滑坡和泥石流,由于湿度增加,还可引起一些生物灾害的流行,而构成暴雨灾害链。

④ 干旱灾害链

干旱不仅可以使农作物失收,而且可以引发某些病虫害,使潜水面下降,引起土地沙化、盐碱化、地面沉降、地裂缝,而构成干旱灾害链。

⑤ 地震灾害链

地震的发生往往诱发出一系列次生灾害,如火灾、地裂缝、崩塌、滑坡、泥石流、水灾、海啸、冻灾、疾病等,形成地震灾害链。

灾害链产生的原因是由于灾害能量的传递、转化、再分配和周围环境的影响,从而导致在原生灾害活动的同时或以后,发生一种或多种次生灾害。

上述暴雨灾害链、干旱灾害链、地震灾害链、台风灾害链、寒潮灾害链等,它们形成的能量来源于地球气圈、水圈和岩石圈的变化与运动。

此外,在一些地区的某一时段内还往往有多种自然灾害丛生、集中出现的现象,这种众灾群发的现象称为灾害群,一个灾害群中可存在一个或多个灾害链。

灾害群产生的原因是由各种致灾条件叠加所造成的。空间上在活动构造复合处、地形地貌的突变地区、不同气候带的边缘地带等往往是灾害群发的地区。在时间上,太阳活动的极值期、地球自转速度骤变期、地球各圈层变化激烈的时期等往往是灾害群发的时期。

(2) 自然灾害的联系性

① 时间上的联系性

根据对中国强震频次的研究,近 500 年来中国有两个地震活跃期:第一活跃期为 1480~1730 年,历时约 250 年;第二活跃期为 1880 年~现在,已延续了 110 年。值得注意的是,张先恭(1986)对我国近 500 年来降水规律的研究,发现有两个干旱期,一为 1475~1691 年;二为 1891 年~现在(参见图 3.1),也就是说,在这个时间尺度上,地震活动时期与干旱期相当。

我国许多地震工作者曾详细研究了雨量与地震的关系,发现我国大地震震中区在地震前一二年内往往是旱区,即所谓旱震规律(耿庆国,1985)。根据我国气象台记录的降水量资料绘制的 1957~1971 年逐年的全国旱区图,发现面积大于 432 000km^2 的旱区一二年内可发生一次 7 级地震,面积大于 252 000km^2 可发生 6 级地震。持续的时间越长,震级越大。1966 年邢台地震、1969 年渤海地震、1970 年通海地震、1973 年炉霍地震前一年,周围地区皆发生大旱。还有一些地区,原曾大旱,但在地震前一二年发生洪涝、即旱—涝—震现象,如 1833 年嵩明 8 级地震、1968 年山东莒县 8.5 级地震,震前数年皆为旱区,尔后发生大水,接着发生地震。此外,也有涝—旱—震现象(郭增建等,1989)。

日本的地震工作者,早已注意到震前或震后海平面的异常涨落。进一步研究发现,海平面的变化并不仅仅是由于地震的震动而引起的突然性异常变化,而与地震的活动周期似发生着同步性的变化(参见图3.7及图5.4)。

② 空间上的联系性

多种自然灾害常在某些地区集中出现,详见本书图3.3。

③ 成因上的联系性

一些自然灾害,尤其是强度较大的自然灾害,在其发生和发展过程中往往诱发出一系列的次生灾害和衍生灾害,灾害链反映了这种灾害的成因联系。

一些强度较大的自然变异,也可以导致许多不同种类的灾害发生,这种同源性也反映了灾害的成因联系。例如剧烈的地壳形变,在导致崩塌、滑坡的同时,也可以引起地震、地裂缝等灾害;厄尔尼诺现象可在不同地区导致暴雨、洪水、干旱以及异常高温、低温等多种自然灾害。

更大的变异过程,如太阳的活动,可以同时影响地球的运动、气温的升降、海洋的变化、生物的变异,从而导致全球性多种自然灾害发生;这些灾害之间无疑也存在成因上的联系性。

(3) 自然灾害系统

有联系的自然灾害组合而成的总体称为自然灾害系统(高庆华1991)。前面的论述中,我们已经提出自然灾害的联系性受控于地球各圈层运动;如果认识到气象灾害、海洋灾害、地质灾害与地震灾害、生物灾害分别是由地球及其气圈、水圈、岩石圈、生物圈的运动和变异及彼此相互作用引起的话,则不难理解自然灾害系统的产生乃是地球整体运动的反映(图5.13)。

自然灾害系统形成假说

目前,各专业部门和科学工作者,对单类自然灾害的形成,已有比较成熟的理论,然而对自然灾害系统形成的机制还很少有人研究。然而,单类灾害的研究,如气象灾害的形成机制研究,只能认

第五章　全球变化与自然灾害系统的形成　·　119

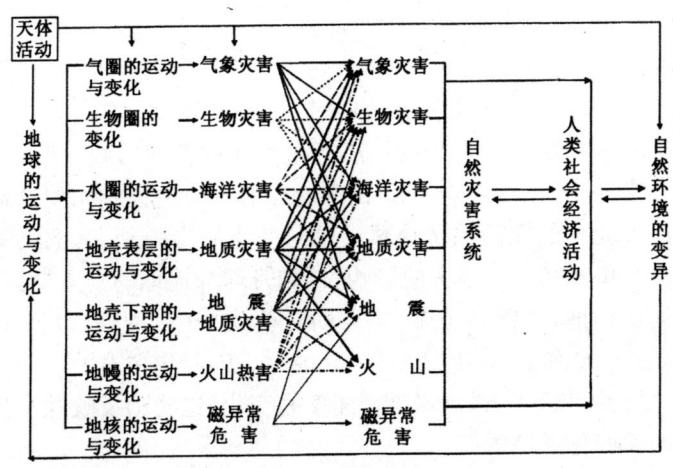

图 5.13　自然灾害系统图解

识气候变化规律；研究地震灾害的形成机制，认识岩石圈变化规律；研究海洋灾害的形成机制，认识海洋变化规律……，唯有对各类自然灾害的总体，即自然灾害系统形成机制的研究才能认识全球变化的整体规律。反之，也只有正确的全球变化理论，才能对自然灾害系统形成机制作出合理的解释。

根据目前国内外灾害科学研究的水平，还没有人能够提出一个正确的，并为大家普遍认同的自然灾害系统形成机制的理论。因此，我们也只能根据已经掌握的资料，提出一个粗浅的观点，作为一个初步的观点或假说供大家深入研究时参考，这个假说的基本观点是：

（1）各种自然灾害的产生是地球现今活动的产物，与地球运动变化及其他天体的影响有着极为密切的内在联系。

（2）有联系的自然灾害组合而成的总体称为自然灾害系统。自然灾害的联系性是受控于地球各圈层运动的相关性，如果认识到气象灾害、海洋灾害、地质灾害与地震灾害、生物灾害分别是由地球及其气圈、水圈、岩石圈、生物圈的运动和变异及彼此相互作用引起的话,则不难理解自然灾害系统的产生乃是地球整体运动的反映。

(3) 在地球各种运动中,如公转、自转、涨缩、章动、岁差、极移、摄动等,都对自然灾害的形成产生不同程度的影响,其中地球的不等速运动看来对灾害系统的形成起着主导的控制作用。地球自转速度变化的原因除了地球运动与变化的内因外,其他天体的运动和变化对其也有很大的影响,例如月球绕地球的月周期,地球绕日的年周期,太阳黑子 11 年周期活动,22 年磁周期,以及 35～50 年、80～90 年、200 年、400 年、1000 年、2000 年左右的不同尺度的变化周期,都影响到地球自转速度的变化,这些都反映在自然灾害的韵律变化周期中。

(4) 地球自转不等速运动所导致的纬向力和经向力,在岩石圈中形成了全球构造系统,包括巨型的纬向、经向、北东向和北西向构造带,以及隶属于它们的不同级序的构造成分。在海洋与天气中也形成了若干个环流系统,它们的共同特点是在北半球者作顺时针方向旋转,在南半球者作反时针方向旋转,共同反映了赤道方向有更大、更突出的自东而西的纬向力的作用。

(5) 自然灾害在我国的空间分布显然受着构造系统、天气系统、海洋系统的控制。中国大陆的长白山—辽东—胶东—东南沿海诸山脉、大兴安岭—太行山—武陵山—十万大山、贺兰山—龙门山—横断山等北北东至近南北向的构造带和天山—阴山、昆仑山—秦岭、喜马拉雅—南岭等几条纬向山带,控制了我国自然灾害综合分区的大格局。这些地带是山地地质灾害、地震、水土流失、森林灾害、暴雨集中的地带;介于其间的广阔盆地和平原则是洪涝、干旱、平原地质灾害和农业生物灾害最集中的地区;两者之间的山地与平原交界或山地与盆地交界为地震活跃的地带。在海洋中厄尔尼诺主要发生在赤道地带,台风主要发生在赤道南北两侧,在海陆交汇地区由于复杂的海气循环与海陆相互作用,是海洋灾害特别是海洋气象灾害最严重的地区。

第五章 全球变化与自然灾害系统的形成

(6) 众所周知,地质历史时期每一场地壳运动不仅在岩石圈中形成了显著的构造形迹,导致火山活动和岩浆活动,同时还引起海水进退、气候剧变和生物界飞跃发展。根据地质考察、历史记录和现代观测资料分析,第四纪以来,地壳活动、海水涨落、气候变化、生物发展等共同存在着日、月、年、5~6年、11年、22年、35~40年、80~90年以及尺度更大的周期变化。因此,由这些自然变化所控制的自然灾害也存在共同的韵律性。

(7) 地球自转速度变化是怎样制导了自然灾害系统形成呢?简要的过程是:地球在时快时慢地转动着,当地球自转速度变快时,自东向西和自两极向赤道的挤压力增强,地壳中应力在积累;一旦地球自转速度变慢,积累的应力便得以迅速释放,于是便发生了地震。因此,地球自转速度变慢的时期是地震活动频次增多和强度增高的时期。

地球自转速度达到最慢的时期,这时地球扁度最大,致使许多断裂,特别是赤道与低纬度地区的经向或接近经向的张断裂发育,导致火山活动与地下放热、放气现象增多,这可能是促使海温升高的一个重要原因。另外,当地球自转速度变慢时,赤道自西向东的气流和洋流增强,于是便出现了气象和海象异常和厄尔尼诺现象。由于海洋温度上升,必然使气压下降,大气上升,加之由于地球自转速度减慢引起的纬向力的变化,便影响了大气环流的正常形势,使增温区以东的中美洲西岸地带雨量激增,发生洪涝;而增温区以西的西亚、东南亚及非洲地区的季风降雨减少,发生干旱。这时我国南方雨量偏少,东北夏季低温冷害增多。

海温增高,海水体积增大,加之在地球自转速度慢的时期海水已在低纬度地区集中,因此在赤道及低纬度区便出现了显著的海面上升与海水入侵灾害。地球自转最慢的时期,正是地球扁度最大、赤道部分膨胀的时期,这时大气圈的厚度也最大,进而影响了对太阳辐射热量的接收,加之两极冷的气候带向赤道的迁移,于是气候开始变冷,寒潮次数增多,海冰灾害严重。

当地球自转速度由慢变快时,地应力释放阶段转为积累阶段,除个别构造带外,地震活动总的趋势转向缓和,厄尔尼诺现象减少,转为拉尼娜,赤道太平洋东部海岸发生干旱,西部海岸雨涝增多。据研究,地震等灾害有随地球自转速度的变化而发生东西或南北迁移的现象。

地球自转速度时快时慢的变化,推动着西太平洋高压带的位置发生着向南、向西、或向北、向东的迁移,这种迁移控制了我国降雨带的迁移,进而决定了我国干旱与洪涝地区的变化。一般来说,当地球自转速度变快时,我国南方易出现洪涝,北方易出现干旱;当地球自转速度变慢时,北方易出现洪涝,南方易出现干旱。

无论是地球自转速度变快还是变慢,气温增高还是降低,雨量增多还是减少,都将使生物生存的环境发生变化;因此,任何一个变化时期,都是生物灾害的一个高发期,这也是农林生物灾害比其它自然灾害更为频繁的原因。

地球自转和地球自转速度变化时,不仅产生了平行赤道的纬向力和从两极到赤道或从赤道到两极的经向力,而且改变了地球引力场的状况,使重力发生变化;这些力的作用影响了岩石圈、水圈、气圈物质的不同运动形式,以及与运动方向和运动系统密切相关的空间格局,它们造就了中国蕴灾的构造环境、地貌环境、气候环境,并共同控制了各类自然灾害的空间分布。

当然,以上有关自然灾害形成的时空规律,只是宏观而言,由于致灾因素的多样性和复杂性,具体而确切的特点远不是如此简单。

需要指出,灾变的起因并不能全部归之为地球的运动和变化,太阳作为地球能量的源泉和供给者,其变化不仅直接反映在多种灾害的发展变化周期中,还影响了地球各部分的全球整体运动和变化。在太阳多种变化周期中,黑子的11年周期性变化最为重要,地震、地质、洪涝、干旱、台风、海冰、生物病虫害等多种自然灾害,

第五章 全球变化与自然灾害系统的形成

甚至海平面与气候变化、人类的疾病都存在11年左右的周期性变化,且与黑子的峰值或谷值期保持某种关系,这些事实雄辩地说明了黑子活动是重要的灾因。22年的磁周期,对气候变化与地震活动都有明显的影响,如一般大震多发生在偶数周期黑子活动最小前后2~3年内。近千年来太阳有过一次罕见的黑子低弱时期,出现在1645~1715年,称蒙德尔极小期,这是华北大震最多的时期,也是气候最冷,旱、涝、疫等灾害频发的严重时期。

除此之外,月球和行星的影响,地球内部的放热、放气和软流圈的运动,地球整体的涨缩运动等都可以影响到自然变异,然而由于它们共同处于同一个地球动力系统,这些方面的变化也可能影响到地球自转速度变化。

地球自转速度的变化包含多种尺度的周期。由于潮汐力日变化的影响,地球自转每天要发生一次快慢变化,称日周期。由于月球引潮力的变化,在月球围绕地球旋转一周中,每月初一、十五前后地球转速变化最大,称月周期。地球绕太阳公转,在通过近日点和远日点后转速发生变化,大约3月份左右最慢,8月份左右最快,可称年周期。除此之外,地球运动过程中,周期为31756年的岁差,周期为18.6年的章动,周期为15000年的黄赤交角变化,周期为20000年的近日点长期变化,周期为40000年的地轴倾斜变化,周期为96600年的偏心率变化,周期为1年或14个月的极移,以及太阳和其它天体的运动与变化周期,皆影响到地球自转速度的变化。所以,地球自转速度变化的周期是各种因素相叠加的复合周期,其间包含了其它动力作用与影响。

如前所述,这种观点目前还处于假说阶段。同时,一些人对这一观点持激烈的反对态度,他们认为由地球自转速度变化产生的动力量级太小了,根本不能推动地球各圈层的运动,不可能产生那么多自然变异现象等等。然而事实上,如此众多的自然变异的时空分布规律都与地球自转速度变化产生的动力作用密切相关,因此,怎能否定彼此之间的相互依存关系呢?这就像我们已亲眼看到一匹马拉着马车在跑，而提出"这匹马力气太小，不能拉动马车"一样；我们认为，问题的关键不是马能不能拉动马车，而是如何拉动马车；全球变化的动力机制也恰是正在研究中的"马"与"马车"的问题。

第六章

21世纪初中国自然灾害发展态势和减灾策略

21世纪初自然灾害发展态势预测

自然因素

如前所述,自然灾害的形成,既有自然因素也有社会因素,其中自然因素的变化与全球变化相关。

根据我国气候变化、海平面变化、地壳构造运动的变化规律,和自然灾变历史演变的韵律性,21世纪初我国重大自然变异的发展态势推测如下:

(1) 气温的变化

当今处于大理冰期气候的间冰期,经过几次万年尺度的气候冷暖变化,前12000年气候变暖;在这12000年当中又经历了平均周期大约2400年的4次冷暖变化,进入前2400年至今的第五个气候期;第五个气候期早期温暖,500年前开始变冷;500年以来,公元420～589年、960～1276年、1470～1520

年、1650～1720年、1840年为寒冷期,其延续时间约为50～70年;1890年以后气候变暖,1945年后开始变冷,假如其延续时间也为50～70年,则21世纪初将进入温暖时期。

(2) 降水量的变化

近500年来的旱涝变化大体可分三个阶段:1475～1691年为干旱期,共213年;1692～1890年为湿润期,共199年;1891年开始的干旱期至今仅110年,如果该变化的周期为200年左右,则今后80～100年仍为干旱期。

在尺度100年左右的旱涝周期中,1475～1520年、1620～1720年为干旱期;1520～1620年、1720～1890年为多雨期;1891年开始又为干旱期。预计21世纪初降水量将有所增加。

20世纪存在30年尺度的旱涝变化周期:1900～1930年、1959～1983年为干旱期;1931～1958年为多雨期;按这一规律,20世纪90年代至2010年为多雨期,2010年以后又为干旱期。20世纪还存在20年尺度周期,其中10、30、50、70、90年代多雨;20、40、60、80年代少雨,依此推算21世纪前10年少雨。

分析多种周期的综合效应,21世纪初我国的降雨量可能比20世纪有所增加,但基本上仍处于干旱期。

(3) 地震活动

地震活动的韵律性已为大家所公认。最近500年来,我国有两个地震活跃期:第一个活跃期为1480～1730年,历时250年;第二个活跃期从1880年开始,将延入21世纪。进一步分析,20世纪地震活动还存在20年尺度的韵律变化,其中1902～1912年、1920～1934年、1945～1957年、1969～1978年为地震活跃期,从1988年开始为第5个活跃期,预计将延入21世纪初。

(4) 海平面的变化

从10万年前开始,海平面总体变化态势是波动中下降,海水一直从太行山麓退至现在的海岸。虽然在这期间历经多次起伏变化,但几次海侵远未达到10万年以前海岸的位置。历史上最后一次较大的海侵称沧东海侵,发生在距今 5000~3500 年,之后分别在距今 3500 年、2000~1500 年、500 年发生三次较大的海退,使海岸退缩到现在的位置,之后海平面仍处于振荡状态(林观得 孙享伦 1985)。

20 世纪,1900~1910 年、1918~1928 年、1942~1955 年、1957~1975 年为低海面时期,80 年代开始海平面处于总体上升状态,该态势预计将延入 21 世纪初。

(5) 太阳活动与地球自转速度的变化

2000 年前后为太阳黑子活动的峰值期,21 世纪初为下降期,同时地球自转速度在减慢,预示地壳运动将进入一个新的活动时期。

(6) 地貌形变

地球在不断的运动,地应力在不断的积累和释放,地球的表面形态也在发生不断的变化。我国地质构造和地貌轮廓就是过去地壳运动的结果,且迄今这种变化并未终止。据大地测量资料,我国一些地方在上升,另一些地方在下降。大体来说,在秦岭—昆仑山与南岭—喜马拉雅山之间,除四川盆地及川西北外,基本处于上升状态。南岭以南与阴山—天山以北,除这两条山脉和个别地区上升外,皆在下降。阴山—天山与秦岭—昆仑山之间,太行山、吕梁山、祁连山、马鬃山、山东半岛在上升,其余的平原、盆地地区仍在下降。年平均升降速率一般为 0.5mm 以上,最大在 10mm 以上。

(7) 阳伞效应及其他

由火山爆发、风沙活动和人为作用向空中排放的烟尘和碳黑气溶胶悬浮空中,形成了地球的遮阳伞,使太阳辐射到达地面的能量减少,引起温度降低。预计 21 世纪初期这种作用将有增无减。

人类活动和社会经济因素

人类活动所引起的环境问题已不再是局部性问题;温室效应、环境污染已经在破坏大气层的结构,改变全球气候。当前人类已面临前所未有的多种挑战。

(1) 人口爆炸

世界人口增长的基本特点是：人口增长速度不断加快，呈爆炸式激增。据统计，1800 年以前，世界人口在 10 亿以下，人口倍增时间 100 年以上，此后世界人口倍增时间缩短到 50 年左右。预测到 2020 年、2050 年世界人口将分别达到 83 亿、98 亿，其中中国是世界人口最多的国家，预计 2050 年将达到 16 亿。过多的人口势必给世界及我国带来巨大的资源、环境压力。

(2) 资源危机

土地是生命之本。然而，由于水土流失、土地沙漠化、土地盐碱化等灾害，土地资源不断遭到破坏。由于人口急剧增加，城市不断扩大，土地的负荷越来越沉重。再过 20 年，中国人均耕地将不足一亩[①]。

作为生命之源的水资源也面临日益严重的危机。中国目前人均水资源不足 $2400 m^3$，仅相当世界平均水平的 1/4。水资源危机造成地表水域萎缩，地下水位下降，由此引发多种灾害。

森林、草原以及其它生物资源的形势也日益严峻，伴随环境恶化，地球生物多样性面临前所未有的考验。

(3) 环境恶化

几十年来，世界范围的环境污染日益严重。其基本特点是：由单一污染发展成包括大气污染、水污染、土壤污染、生物污染的综合性生态环境污染，由局部性发展为区域污染，甚至全球污染。

环境污染除了受火山喷发、森林火灾等灾害影响外，主要来源于人类排放的生活、生产废弃物。据有关资料证明，世界每年排放的有害气体约 160 亿吨，废水约 4200 亿吨，此外还有大量废渣以及泄漏的原油等。这些废弃物中含有大量二氧化碳、一氧化碳、二

---

① 1 亩 = $666.6 m^2$

氧化氮以及烟尘、有机物和汞、砷等有害有毒物质,因此,危害人民生活、生产,破坏资源环境,并常造成严重的恶性污染事故。更重要的是大气污染导致的"温室效应"危害更大。

(4) 温室效应

人类活动正在增加大气中温室气体的浓度,并改变着地球大气的固有辐射平衡,使大气温度增高,从而导致区域和全球的气候变化。IPCC 在 1995 年的评价报告中预测了气候变化对全球温度升高的影响,认为东亚地区气候变化的总体趋势是变暖。

近些年来,根据海洋—气候耦合模式对温室气体引起增暖所作的预测研究有了很大进展,这在 IPCC 1995 年第二次报告中得到充分反映。根据这份报告,到 21 世纪末,考虑到大气中 CO_2 浓度的增加、气溶胶的作用和气候模式敏感性的估计,全球平均可能升高 1.0~3.5℃,最佳估计为 2.0℃。由于温度升高,极地和高山冰川融化,海平面将上升 30~90cm。气候变暖可使气候带北移,由于气候带北移将会引起自然环境变化,首先是土壤和植被的变化,以及植物品种分布变化和演替。

气候变暖还可导致一系列自然灾害,尤其是极端事件的增加和土地沙化、干旱、沙尘暴、水土流失,部分地区可能引发山洪;我国高山区大部分为干旱区,融水增多可能暂时有利,但可供融化的高山冰雪融化完毕,那时可能会有更严重的旱灾发生。

(5) 热岛效应

由于城市的发展,人为的热释放、空气污染和下垫面改变,使城市地区气候变异,突出的表现是温度上升。由于市区气温高,气流上升,使城市周围空气向城市进行补给,形成局部的天气系统,可能使城市灾害增多。

21 世纪初中国自然灾害发展态势预测

根据我国气候、海平面、地壳运动等重大自然变异的历史演变规律(高文学等 1997)和人类活动两大方面的共同影响,初步认为在21世纪初全球变化的基本态势是气温上升,海平面升高,地壳活动性增强。这些变化将使我国蕴灾环境更易于引发自然灾变,加之我国正处于经济快速发展的时期,财富增长很快,但防灾减灾能力难以同步增长,因此预示21世纪初我国将是一个自然灾害严重的时期。根据自然变异未来的特点(马宗晋、高庆华等2000),结合我国承灾体的分布、密度、价值和脆弱性,以及我国减灾能力的地区差异和增长形势预测,21世纪初中国自然灾害发展的基本态势可能会有如下特点:

(1) 21世纪初期为中国自然灾害的重灾期

近几十年来,中国自然灾害在轻重交替中呈不断发展态势,这种趋势将延入21世纪初期,从而使这一时期成为新的自然灾害的重灾期。这一特点的形成原因除多数自然灾害可能趋于活跃外,主要是人口的进一步增长和经济的持续增长给资源环境将造成更大的压力。这一时期中国减灾事业虽然将得到空前发展,但仍落后于经济增长和社会发展;加上近几十年来许多地区的土地、水以及河湖、海洋环境迅速恶化,使防灾抗灾难度越来越大,甚至面临许多深层次的矛盾。因此,从20世纪90年代以后出现的自然灾害损失日益严重的趋向将延入21世纪。

(2) 旱涝交替,在水灾威胁严重的同时,干旱缺水将成为最严重的灾害与社会问题

今后时期,我国洪水和干旱仍然是最重要的自然灾害,它们的频率最高,基本是非旱即涝,或者是旱涝并发、连旱连涝;而且除常规性旱涝灾害外,特大洪水和特大旱灾发生的机率增加。对洪水灾害防治的难度越来越大,巨灾风险严重。旱灾将持续发展,许多地区将发生日益严重的水荒,水资源将成为下世纪我国最严重的资源环境问题,因此对农业、工业及人民生活造成广泛的危害,将成为我国社会经济发展的严重障碍。

(3) 地震活跃,其他多数自然灾害呈发展态势

今后时期,我国地震活动仍比较活跃,在中小地震频繁发生的

同时,大地震随时可能发生;在西部地区地震继续活动的同时,东部地区亦有发生强烈地震的可能,因此存在一定的巨灾风险。

其它自然灾害活动仍将频繁发生,其中热带气旋和风暴潮灾害虽然发生频次不会明显增多,但会对沿海地区造成更严重的破坏损失。地质灾害呈持续增长趋势,其破坏作用将趋于严重。农、林病虫害、赤潮等灾害亦呈增长趋势。

(4) 自然灾害相互影响作用加强,与环境关系更加密切

自然灾害相互影响作用加强,从而进一步加剧灾害的破坏损失程度,增加了对防灾减灾工作的难度。如洪水加剧水土流失和崩塌、滑坡、泥石流,崩塌、滑坡、泥石流反过来又加剧了水土流失和洪水灾害;旱灾加剧了风灾、沙尘暴等灾害,风沙反过来又促使旱灾的发展。多种自然灾害相互作用,恶性循环,使防灾减灾空前困难。

(5) 自然灾害的破坏作用更加广泛,造成的损失更加严重

由于人口膨胀,经济增长,城市化进程加快,所以今后时期自然灾害造成的破坏损失将越来越严重。预计未来 10~20 年期间,每年自然灾害造成的直接经济损失一般达 1000~3000 亿元人民币,重灾年 3000~5000 亿元人民币,特重灾年达 5000 亿元左右。伴随社会经济发展和减灾能力的提高,自然灾害造成的相对经济损失继续缓慢下降,全国直接经济损失与 GDP 的比值一般为 2%~3%,重灾年预计 3%~5%,特重灾年预计 5%~8%。全国受灾人口一般年份占总人口的 30% 左右,重灾年和特重灾年达 30%~50%。

随着我国各项事业的全面发展,自然灾害将造成更加广泛的破坏,危害对象除广大农村和农业生产外,城市和交通、水利、电力、通信等工程设施将成为自然灾害的重要破坏对象;因此,工业、交通运输业等将受到严重影响,除造成更加严重的直接损失外,还造成十分巨大的间接损失,预计间接损失将达到直接损失的数倍。

(6) 自然灾害对资源和环境造成深远破坏,危害社会经济可持续发展

各种自然灾害除对人民生命财产和产业活动造成危害外,还对森林、植被、土地、水、草原、河湖、海洋等资源和生态环境造成广泛破坏;有的灾害,如一些地区的崩塌、滑坡、泥石流、地面塌陷以及水土流失、土地沙漠化等灾害的直接破坏作用并不特别严重,但对资源环境产生持续性影响,因此导致多种环境问题。所以自然灾害不但对现时经济增长产生直接危害,而且对社会经济可持续发展产生更加深远的影响。

(7) 不同地区自然灾害的活动程度和危害特点不同

可大致分为 5 种类型和地区:城市,主要是地震、洪水、干旱缺水,其次是热带气旋、风暴潮以及崩塌、滑坡、泥石流和地面沉降、地面塌陷、地裂缝灾害;城市减灾系统比较完善,能抵御一般性灾害,若一旦超过城市防灾能力就将造成巨大人员伤亡和财产损失。东部沿海地区,主要是洪水、气旋、风暴潮灾害,其次是地震、旱灾和地面沉降、海水入侵等灾害;灾害种类多,活动频繁,通常造成比较严重的人员伤亡和财产损失。东部内陆地区,主要是洪水和旱灾,其次是地震和寒潮、冷冻、风雹等气象灾害和崩塌、滑坡、泥石流等地质灾害;主要危害农业生产和工程设施,通常造成比较严重的人员伤亡和一定的财产损失。西北内陆地区,主要是旱灾,其次是地震、风雹、沙尘暴、雪灾等灾害;除主要危害农牧业生产,造成一定的人员伤亡和财产损失外,对区域生态环境造成严重破坏。青藏区,主要是雪灾、风雹、地震等灾害;除主要危害牧业生产,造成人员伤亡和财产损失外,还破坏区域生态环境,并对东部地区产生间接危害。

21 世纪初中国主要巨灾高风险区预测

预测巨灾高风险区出现在特大灾害活动频繁,而且城镇、人口高度密集的东部地区。主要有下列 11 个地区(图 6.1)(马宗晋、高

庆华等 2000)。

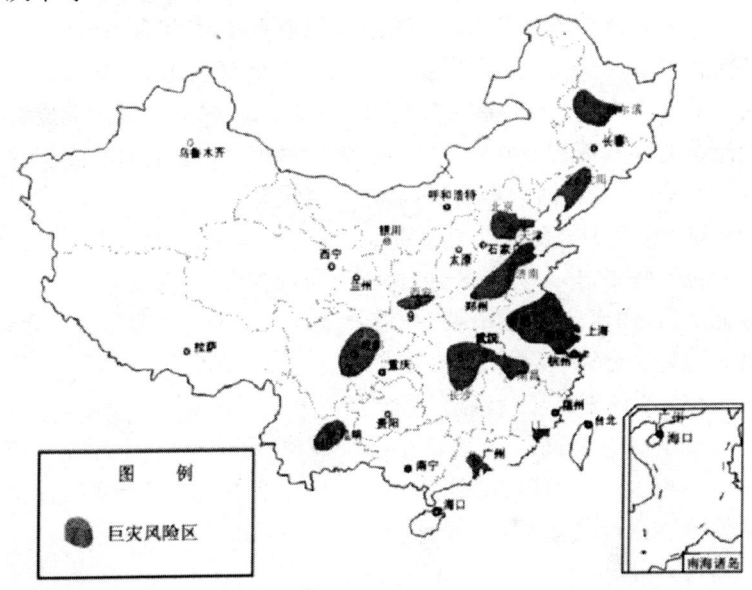

图 6.1　中国主要巨灾风险区分布图

(1) 嫩江、松花江流域的齐齐哈尔—大庆—哈尔滨地区

位于东北灾害区,巨灾威胁主要为特大洪水。区域降水分布严重不均,暴雨比较强烈,地势低平。人口、城镇密集,分布有大庆油田和许多大型企业、工程设施。流域缺少大型水利枢纽工程,防洪标准低。今后时期,洪水巨灾威胁仍比较严重。

(2) 辽河下游的开原—沈阳—盘锦—营口地区

位于东北灾害区。巨灾风险主要为洪水,其次为地震。

(3) 北京—天津—唐山地区

位于黄淮海灾害区。以北京、天津为中心,外围包括唐山、廊坊、沧州地区。巨灾风险主要为地震和洪水,其次为严重干旱缺水。

(4) 黄河下游地区

位于黄淮海灾害区,以郑州—开封—荷泽—济宁—滨州—东营为中心的黄河下游地区,主要巨灾为洪水。

该地区属于华北平原,地势低平,河道纵横,黄河曲折蜿蜒,泥沙淤积严重,河床平均高出地面 3~6m,部分河段高出 10m 以上,成为举世闻名的"地上悬河",对南北两岸广阔的平原地区造成特别严重的洪水威胁。该地区人口和大中城市、大型企业、重要工程设施密集,一旦黄河大堤溃决,后果不堪设想。

(5) 淮河、长江下游、杭嘉湖地区

位于华中、华东灾害区,以长江三角洲为中心,向北包括皖北、苏北地区,向南包括杭州、嘉兴、湖洲地区。主要巨灾为特大洪水,其次为特大台风、风暴潮和地震灾害。

(6) 江汉平原和洞庭湖、鄱阳湖平原地区

位于华中、华东灾害区,以武汉、荆州沙市为中心的江汉平原和以津市、常德、益阳、岳阳为中心的洞庭湖平原地区及鄱阳湖周边地区。巨灾风险为特大洪水。

(7) 四川盆地

位于云贵川灾害区,以成都为中心的四川盆地。巨灾风险为特大洪水。

(8) 珠江三角洲地区

位于华南灾害区,以广州为中心的珠江下游和河口地区。巨灾主要为特大洪水,其次为强台风、风暴潮和地震。

(9) 以西安为中心的渭河平原地区

位于陕甘宁晋灾害区,巨灾风险为大地震。

(10) 以昆明为中心的滇中地区

位于云贵川灾害区,以昆明为中心,包括楚雄、玉溪、曲靖、东川地区。巨灾风险为强烈地震。

(11) 闽南漳州—厦门—泉州地区

位于华东灾害区,巨灾为地震和台风、风暴潮。

上述 11 个地区,除四川盆地、渭河平原、滇中地区 3 个巨灾风险区外,其它都位于东部灾害带。

21世纪初中国重大减灾策略

为了减轻中国日益增长的自然灾害损失,保障经济建设安全和社会可持续发展,1998年国务院批准了《中国减灾规划》。为了保证国家减灾规划的实施,根据我国自然灾害时空分布规律和全球变化的特点,重点提出以下减灾策略。

加强自然灾害综合监测预报

如前所述,自然灾害是全球变化的产物,只要地球在转动,就必然发生自然灾害,因此,减灾是一项长期的社会事业。自然灾害是由自然变异引起的,自然灾害的发生是不以人类意志为转移的,尤其是规模大、强度高的自然灾变,如台风、地震、大旱等,目前人类还难以抗拒,只能在对全球变化进行系统监测研究的基础上加强预测预报,采取有效的防范措施,才能最大限度地减少灾害造成的损失。目前我国七大灾类均建立了灾害监测预报系统,并在防灾减灾中发挥了巨大的作用,取得了良好的减灾效益。然而各类自然灾害不是孤立的,它们往往构成灾害链、灾害群和灾害系统;一个地区往往有多种自然灾害发生;各种自然灾害侵袭的对象是基本一致的;各地防灾工程的建设和社会防灾组织需要面对各种自然灾害。因此,需要在各单类灾害监测预报系统建设的基础上,进行灾害监测信息共享,开展学科交叉融合的全球变化研究,建立多因子、多灾种的综合预测预报系统。

从全球变化角度看,地球及其变动在形成地球自然环境与资源的同时,也由于自然的或人为的变异而导致了灾变与灾害。各种自然灾害的产生是地球现今活动的产物,与地球运动变化及其他天体的影响有着极为密切的内在联系。由此看来,各种自然灾害都是地球运动变化的表象,它们与地球整体运动有关,彼此之间构成相互联系的自然灾害系统,使各种自然灾害的活动有着许多共同的特点。来自众多方面的资料证实了这一规律,譬如洪涝灾害多发年,也是滑坡、泥石流频发之年;大水之后 2~3 年往往发生地震;旱灾与地震不仅时间耦合,且震级的大小似乎与干旱的时间与面积大小成正比;洪涝年份生物病害明显加重;涝灾与海平面上升呈正相关;海平面上升之后常有地震;地震常发生在气候的冷期;森林大火在旱年最多。所有这些事实使我们不能不把自然灾害视为一个整体系统,不能不把自然灾害系统的形成作为地球整体运动与全球变化的一个组成部分来看待。将引起全球变化和自然灾害的各种动力作用,即地球自转、太阳活动、行星影响、地热活动等作为一个统一的动力系统,进行多灾种的灾害链和灾害群进行综合预报,是有理论依据和可行性的。

大力推动减灾系统工程

减轻自然灾害是一项系统工程,包括监测、预报、评估、防灾、抗灾、救灾、援建、立法、保险、教育、规划等措施,是一项需要全社会参与的协调行动。

监测:中国气象局、中国地震局、水利部、国土资源部、国家海洋局、农业部、国家林业局等七个减灾专业管理部门已分别建设七大类,约 35 种共 3 万个专业站点,还有农业、林业、地震等民间监视点约数万个。今后应在此基础上建立综合监测网络和信息系统,提高监测的综合效益。

预报:七个减灾部门各设有本灾类的研究和预测、预报系统,今后应在加强预报信息交流的基础上,探索多因子多灾种综合预报途径。

评估:应在统一标准体系的前提下,建立综合的与各专业减灾部门协调的综合评估系统,并逐步扩展,为生产企业、保险公司、政府部门等服务。

防灾:主要加强防灾工程性与非工程性措施,有针对性的提高防灾标准,提高全社会的防灾能力;进行防灾新技术、新设施、新产品研制;建立综合防灾体系;按国家基建投资比例增加防灾投入。

抗灾:主要是加强水利工程、生命线工程等的灾时保护,抗御灾害侵袭。另外进行人工降雨和消雹、农林作物灾害防治等措施和建立社会综合抗灾管理系统。

救灾:进一步完善政府组织下的军、警、医疗和社会救灾组织,提高全民的自救互救意识和能力。

重建:制定灾后重建的规划、方案和恢复社会秩序的措施和预案,今后我国应从传统的恢复型重建走向发展型重建。

保险与援助:大力开展灾害保险,加强国际援助和国内互助,建立减灾基金,使减灾成为一项社会行为。

立法、教育:在建立分灾类的法律法规的基础上,制定综合性的减灾基本法、救助法。加强全民特别是领导的灾害知识教育,提高全社会的减灾意识。

规划、指挥:建立减灾管理与灾害科学研究的管理或协调机构;编制各种类型的灾害区划与减灾区划图,按灾类和不同分区,开展减灾规划和减灾预案的制定;建立分部门、分地区和综合性减灾管理系统,并作为政府的一项职能和政府业绩考核的内容。

社会可持续发展是一个庞大的系统工程,减灾系统工程是其中一个系统。大量事实说明,一方面自然灾害对人口、资源、环境造成损伤和破坏;另一方面人口膨胀、资源过量开发、环境恶化,必然加大自然灾害强度和频度,它们是一个相互联系的互馈系统。因此,减灾必须与社会可持续发展的其它方面作为一个统一的系统,统筹规划、系统安排,并将减灾纳入社会发展指标体系。

实行减灾分区管理

由于我国灾情、国情地区差异性大,目前国家财力还有限,所以在短期内还不可能在各个地区全面部署、实施完全充分的系统减灾措施;而只能根据各个地区的社会经济状况、灾害风险程度和实际减灾能力,有重点、分层次地实施减灾工作。

根据上述原则,以自然灾害综合区划和社会经济发展状况为基础,将全国大致分为4种类型地区,并依此制定不同的减灾目标和对策。

第一,城市。主要指超大城市、特大城市、大城市和部分灾害风险巨大的中小城市。如北京、天津、上海、广州、沈阳、武汉、大连、宁波、香港、盘锦等,是减灾的第一重点,争取用10年左右的时间建立完善的减灾系统工程。

第二,东部沿海地区。即从北部的辽东湾沿海到南部的北部湾沿海地区,是减灾的第二重点,该地区应以企业减灾和农业减灾为主,重点防御洪水、台风和地震灾害。

第三,中部地区。主要包括东北、华北、华中、华南地区。该地区应重点实施大江大河防洪工程、农业抗旱排涝工程以及重要工程设施的防灾工程。

第四,西部和北部地区。主要包括新、青、藏和蒙、甘、川、滇的部分地区。该地区防灾抗灾的基本对策是,首先是加强区域环境保护,改善自然环境,重点防干旱、防风沙、防植被退化和沙漠化。对一些城镇、企业、重要工程设施和农牧区有针对性地布置实施防灾工程。

减灾要与资源开发、环境建设统筹规划

一方面,自然灾害损毁资源,破坏环境;另一方面,由于森林、淡水等资源的减少和环境恶化所导致的自然灾害,如土地荒漠化、水土流失、大面积干旱、地面沉降、海水入侵等日渐严重,且已成为社会可持续发展的严重威胁,因此,减灾应与我国的资源开发与环境保护统筹规划,同步实施。

加强减灾法制建设,提高全民减灾意识

近年来,人为灾害与人为自然灾害剧增,因此必须加强减灾法制建设,规范人类活动,这对减轻自然灾害,改善环境,抑制全球变

化的非良性发展是十分必要的。

最后,自然灾害是全球变化的产物,只有认真研究自然灾害的特点和规律,才能进一步揭示全球变化的奥秘;只有对全球变化的规律进行深入研究,才能对未来自然灾害的发展态势作出预测,才能制定有针对性的、有效的减灾策略——这就是本书的结论。

主要参考文献

陈国达等.中国大地构造的一些特点.国际交流地质学术论文集,北京:地质出版社,1978年,

戴文赛.天体的演化.北京:科学出版社,1977.

傅承义.大陆漂移、海底扩张和板块构造.北京:科学出版社,1972年.

高庆华.地球运动对海平面变化的控制——从地质系统论的观点分析海平面变化的主因.西安地质学院学报,第18期,1988年.

高庆华等.地壳运动问题.北京:地质出版社,1996年.

高庆华.自然灾害系统论概说.科技导报,第2期,1991年.

高庆华,马宗晋,苏桂武.环境·灾害与地学,地学前缘 第8卷第1期.2001年.

高文学等.中国自然灾害史(总论).北京:地震出版社,1997.

耿庆国.中国旱震关系研究.北京:地震出版社,1985年.

顾震年.太阳活动和地球自转之间关系的探讨.天地生综合研究,北京:中国科学技术出版社,1989年.

郭增建,秦保燕.灾害物理学.西安:陕西科学技术出版社,1989年.

国家地震局分析预报中心编.中国地震大形势预测研究.北京:地震出版社,1990年.

国家防汛抗旱总指挥部办公室,水利部南京水文水资源研究所.中国水旱害,北京:中国水利水电出版社,1997年.

国家科委国家计委国家经贸委自然灾害综合研究组.中国自然灾害区划研究进展.北京:海洋出版社,1998年.

国家科委全国重大自然灾害综合研究组.中国重大自然灾害及减灾对策(总论、分论).北京:科学出版社,1994年.

国家科委国家计委国家经贸委自然灾害综合研究组.中国减灾社会化的探索与推动.北京:海洋出版社,1996年.

李四光.古生代以后大陆上海水进退的规程,前中央研究院地质研究所集刊,第6号.1928年

主要参考文献

李四光.天文、地质、古生物资料摘要.北京:科学出版社,1972年.
李志安.厄尔尼诺事件与地球自转异常变化.天文学报,第2期,1989年.
林观得,孙享伦.海平面.北京:地质出版社,1985年.
刘厚赞,刘梦玉,周翠英.固体地球物理场变化与自然灾害群发关系.南京大学学报,第11期,1991年.
马宗晋,方蔚青,高文学,高庆华.中国减灾重大问题研究.北京:地震出版社,1992年.
马宗晋,高庆华,张业成,高建国.灾害学导论.长沙:湖南人民出版社,1998年.
马宗晋,高庆华等.灾害·社会·减灾·发展—中国百年自然灾害态势与21世纪减灾策略分析.北京:气象出版社,2000年.
任振球.全球变化.北京:科学出版社,1990年.
沈宗丕.地球自转速度变化周期与地震周期.地震气象天文气象学进展,北京:海洋出版社,1987年.
王 仁.地质力学提出的一些力学问题.力学,第2期,1976年.
徐道一等.天文地质学概论.北京:地震出版社,1985年.
于道永.近二十年来中国海面变化趋势初步分析.中国海面变化论文集,北京:海洋出版社,1985年.
张伯声.中国镶嵌地块的波浪构造.国际交流地质学术论文集,北京:地质出版社,1978年.
张国栋,李致森.宇宙中的地球.北京:科学普及出版社,1987.
张家诚等.气候变迁及其原因.北京:科学出版社,1976年.
张文佑.断块构造导论.北京:石油工业出版社,1984年.
张先恭.本世纪我国降水振动及其太阳活动关系的初步分析.天文气象学术讨论会文集.北京:气象出版社,1986.
赵洪声.中国大陆2020年前地震大形势及此背景下云南地震危险性研究.中国地震大形势预测研究,北京:地震出版社,1990年.
竺可桢.中国近五千年来气候变迁的初步研究.中国科学,第2期,1973年.